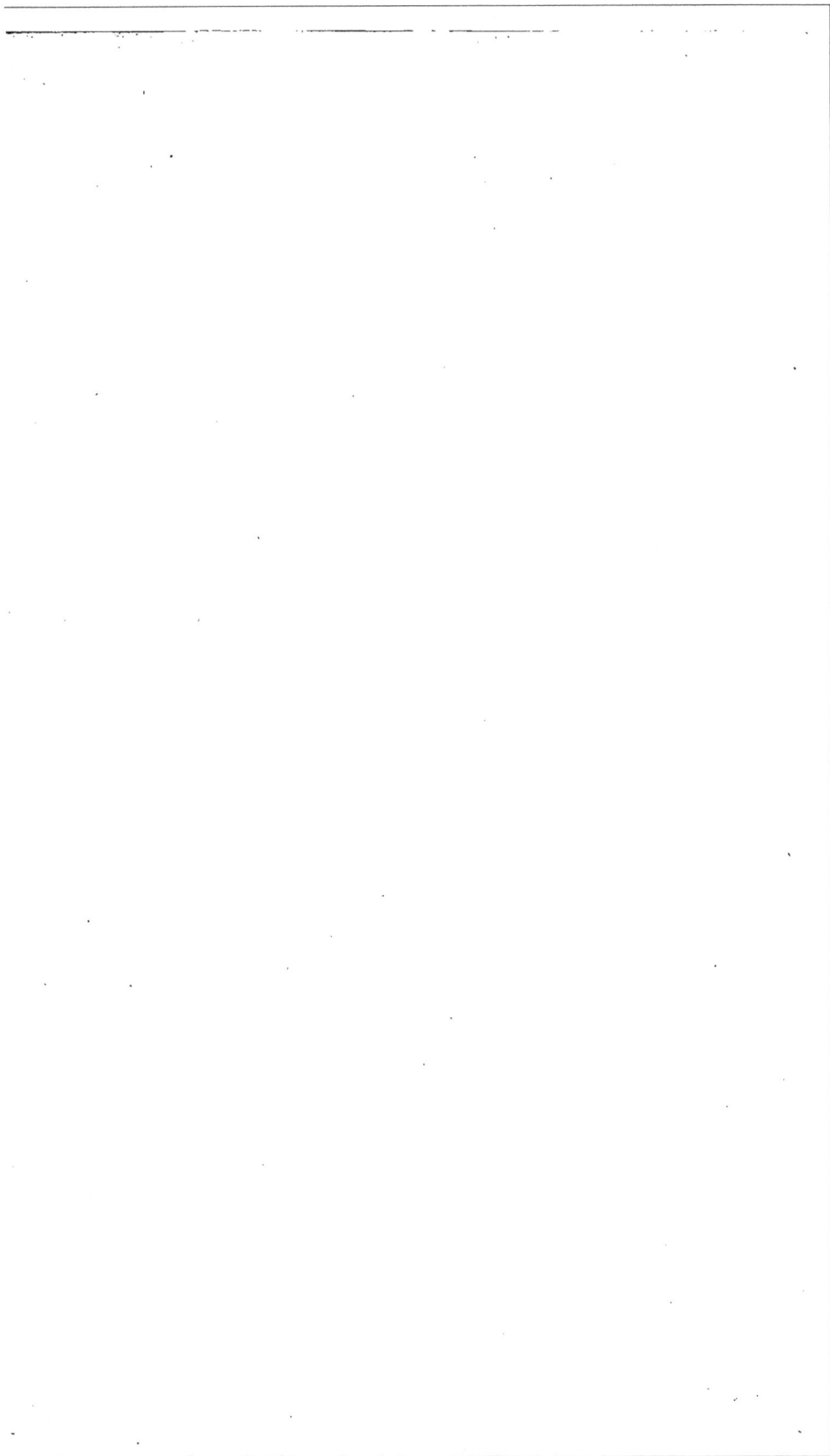

25567

OBSERVATIONS GÉNÉRALES

SUR LA GÉOLOGIE

ET

LA PALÉONTOLOGIE.

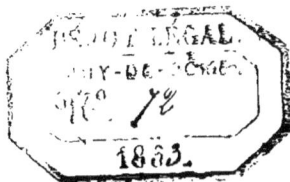

OBSERVATIONS GÉNÉRALES

SUR

LA GÉOLOGIE

ET

LA PALÉONTOLOGIE,

Par J.-B. Croizet,

Curé de canton à Neschers, chevalier de la Légion d'honneur,
Correspondant du ministère de l'Instruction publique,
Membre de plusieurs Sociétés scientifiques.

CLERMONT-FERRAND,

TYPOGRAPHIE DE HUBLER, BAYLE ET DUBOS,

Successeurs de M. Perol, rue Barbançon, 2.

1853.

RAPPORT

PRÉSENTÉ

A LA SOCIÉTÉ ACADÉMIQUE DE CLERMONT-FERRAND, EN 1852,

Par l'abbé CROIZET,

Sur une brochure en langue italienne, intitulée : Ricerche
geognostiche, *etc.;* Recherches géognostiques sur les
terrains du détroit de Messine, *par* JOSEPH DE NATALE.

(Ce rapport est suivi d'observations géologiques et paléontologiques faites en Auvergne, ainsi que dans d'autres contrées dont les terrains et les fossiles offrent
plus ou moins d'analogie avec ceux de la Sicile.)

Messieurs,

Quoique j'aie fait un assez long voyage dans le royaume
de Sardaigne, dans la Toscane, dans les Etats de l'Eglise et
dans le royaume de Naples, je suis très-peu versé dans la
langue italienne. Aussi, du premier abord, je n'avais pas
cru pouvoir me charger d'un rapport sur un ouvrage scientifique écrit dans cette langue. Ayant ensuite réfléchi qu'un
de mes amis et ancien collègue, monsieur l'abbé Verdier,
qui vous a envoyé plusieurs brochures traduites de l'italien,
voudrait bien me venir en aide, je pensai qu'il m'était possible de remplir cette tâche, non pas comme je l'aurais dé-
siré, mais suivant mes faibles connaissances. En effet,
M. le curé de Chanonat, dont les richesses linguistiques
nous sont bien connues, a parfaitement répondu à mes dé-
sirs, et, grâce à son extrême obligeance, il m'est permis de

vous faire connaître, du moins en partie, un travail qui
mérite l'attention des géologues, non-seulement parce qu'il
me paraît à la hauteur de la science, mais encore parce
qu'il renferme plusieurs observations propres à la faire
avancer.

M. de Natale a dédié son Mémoire à Mgr Diego Planeta,
archevêque de Damiette, juge de Monarchie, président de
a commission suprême des études en Sicile, etc. Il exprime,
à la manière italienne, sa vive admiration pour ce savant
rélat.

Cela ne m'étonne pas, Messieurs : l'année dernière, j'ai
eu le bonheur de rencontrer en Italie, principalement à
Rome, des cardinaux et d'autres personnages haut placés
dans l'Eglise, qui possèdent des connaissances étendues en
histoire naturelle, surtout parmi ceux qui sortent des com-
munautés religieuses. Ce qui m'a merveilleusement surpris,
c'est la manière de voir, à cet égard, du souverain pontife
Pie IX. Dans une assez longue audience accordée à l'un
de mes confrères et à moi, le Saint-Père, après avoir sous-
crit de sa main aux faveurs que nous lui demandions
sous le rapport religieux, par suite des questions qu'il m'a-
vait adressées en langue française, a daigné s'entretenir de
géologie et de paléontologie. Il a même cité notre célèbre
Cuvier, et terminé son honorable entretien par ces mots :
*Dans notre siècle, la véritable science est en parfait ac-
cord avec la religion.*

C'est précisément la pensée qu'exprime M. de Natale,
dans la note qui précède son travail, et dont voici la tra-
duction française : « Il n'est pas nécessaire de rappeler à
» ceux qui liront cet opuscule que les opinions géognosti-
» ques qui y sont énoncées relativement à cette longue
» série de siècles qu'on peut supposer de l'état primitif de
» la terre à la période actuelle, n'ont absolument rien de

» contraire à notre sainte religion et au récit de la Bible
» sacrée. Les six jours de la création dont parle la Genèse,
» selon plusieurs Pères de l'Eglise et plusieurs théologiens
» orthodoxes, ne signifient que six longues périodes, ou
» six révolutions. Quant à l'ordre dans lequel se sont opé-
» rées diverses formations et révolutions sur notre globe, la
» géologie et toutes ses découvertes seront toujours en par-
» faite harmonie avec la narration mosaïque. »

M. de Natale cite à ce sujet plusieurs auteurs, et en particulier Bukland et le savant archevêque de Westminster,
Nicolas Wiseman.

Je ne sais, Messieurs, s'il m'est permis de dire, sans pré-
somption, qu'avant ces illustres écrivains j'avais exprimé
les mêmes idées dans un Mémoire sur la géologie publié
en 1824.

M. de Natale suit, dans ses recherches, la succession des
formations et des temps géologiques. Il commence par le
terrain le plus ancien, le gneiss. Cette roche dure et compacte présente, vers le fameux Scylla, des flancs caverneux
où sont venus se briser les flots de tant de siècles, et se
prolonge, toujours identique, dans la partie de la Sicile qui
fait face à l'Apennin. Elle s'avance en s'élevant fièrement,
du phare de Dinamare, et forme une chaîne de montagnes en droite ligne, du nord-est au sud-ouest. L'auteur
décrit ensuite des terrains qui, en général, sont postérieurs
au gneiss : ce sont des schistes granitoïdes, des micaschistes,
des schistes argileux, des grès, etc., provenant de la décomposition de la roche primitive et couvrant les collines
de Messine. Comme les phénomènes que décrit notre auteur se montrent à peu près les mêmes partout où domine
le gneiss, nous ne pensons pas qu'il soit nécessaire d'entrer
dans de longs détails à cet égard.

Dans son second article du chapitre premier, M. de Natale s'occupe du poudingue, variété de roches inclinées sur les flancs du gneiss.

Le poudingue de la Sicile , décrit pour la première fois par l'illustre Gemmellaro, est composé de différentes substances minérales , réunies en cailloux plus ou moins volumineux par un ciment siliceux , et il s'étend intermédiaire entre le gneiss et d'autres terrains moins anciens.

C'est des débris de ce poudingue que proviennent en majeure partie les galets qui se montrent dans les vallées et dans le lit des torrents. Les granits , les siénites , les diorites, les leptinites , les amphiboles, quelques blocs de gneiss, s'observent dans ce poudingue ; et , comme la plupart de ces matériaux ne se trouvent pas en place dans la Sicile , M. de Natale et le savant professeur Gemmellaro pensent qu'il y a été introduit par de violentes révolutions , après la formation des roches primitives qui composaient la première croûte du globe.

Si j'osais , Messieurs , exprimer ici une opinion , je dirais que j'adopte , avec M. de Natale et les géologues de notre époque , ces révolutions , ces secousses , ces soulèvements , ces affaissements , en un mot, ces bouleversements qui ont agi avec plus ou moins de puissance sur les roches plus faciles à se désagréger que le gneiss , et que par là même les matériaux qui composent le poudingue ont très-bien pu exister dans la Sicile et la Calabre, où ils ne se trouvent plus en place. Quoi qu'il en soit sur ce point , je voudrais pouvoir suivre notre auteur dans les intéressants détails qu'il donne sur les substances que renferme le poudingue; mais les étroites limites d'un rapport ne sauraient me le permettre. Il est cependant une observation curieuse faite par M. de Natale, relativement à la tourmaline, et que nous croyons devoir signaler en peu de mots.

La tourmaline, dont nous avons observé en Auvergne de

magnifiques cristaux , surtout dans la pegmatite des environs de Montpeyroux, se trouve également aux environs de
Messine, dans le poudingue en question ; mais, au lieu de
présenter, comme chez nous, une cristallisation en prismes
réguliers , elle offre souvent, en Sicile, des formes irrégu-
lières. Suivant notre géologue, la tourmaline s'est trouvée
mêlée à la roche pyrogénique lorsque celle-ci était au com-
mencement de sa consolidation. Quand la cristallisation de
la tourmaline commençait à s'opérer, cette opération trouvait un obstacle dans la matière pâteuse qui s'attachait aux
bords du cristal, dont l'extérieur présente une mince couche
scoriforme ; et, au lieu de parvenir à former des prismes
réguliers, ce cristal fut forcé de se former irrégulièrement.
Dans d'autres circonstances, la tourmaline se devait cristal-
liser avant la consolidation de la roche pyrogénique , et
alors le prisme régulier devait se reproduire. *Eh bien!* s'écrie
avec zèle M. de Natale, *on le voit donc , par un seul fait ,
mais un fait certain , la géologie nous fournit les moyens
d'étudier les révolutions du globe dans les temps les plus
éloignés de notre époque.*

Notre auteur parle dans son ouvrage du calcaire saccha-
roïde , du grès rouge ancien , de bassins carbonifères , du
terrain silurien, jurassique, etc., en un mot, des roches dites
de transition et des roches secondaires ; mais il s'attache
spécialement , dans son second et dernier chapitre , à décrire les terrains neptuniens tertiaires qui se trouvent près
de Messine. Il se livre d'abord à des considérations générales sur la formation subapennine. Cette formation , qui
s'étend depuis Turin jusqu'à Capo-Spartivento , et qui est
interrompue de mille manières par le terrain dit miocène
dans la Toscane, par le terrain ophiolitique dans la Ligurie,
par des terrains volcaniques dans le reste de l'Italie , ne
permet pas encore de trouver dans les livres de géologie ce

qui est écrit dans le livre de la nature, suivant la pensée de
M. de Natale. Il classe parmi les terrains subapennins, mais
à la partie supérieure, ceux que nous avons nommés *alluvions anciennes*, et même les blocs erratiques. C'est ce terrain, toujours suivant M. de Natale, qui a fourni les débris
fossiles d'éléphants, de mastodontes, de rhinocéros et d'autres mammifères ; c'est à cette époque géologique, ajoute-
t-il, que se déposaient dans les cavernes, avec les restes de
ces animaux, ceux de certains reptiles, d'oiseaux, d'insectes, de mollusques, et même des ossements humains ;
mais il reconnaît que Schmerling et bien d'autres ont établi
que ces derniers ossements y ont été introduits à une époque postérieure. Parmi les mollusques marins dont les co-
quillages abondent dans le terrain subapennin, un grand
nombre vivent encore en Italie dans la mer de Toscane et
dans l'Adriatique ; d'autres ne vivent que sous l'équateur,
et un petit nombre paraissent perdus.

M. de Natale porte ensuite ses investigations sur le terrain sédimentaire du détroit de Messine ; et le résultat de
ses recherches est que le terrain subapennin de Messine et
celui de Reggio se formaient en même temps, et qu'alors
les Deux-Siciles n'étaient pas séparées par les eaux de
la mer.

Le savant géologiste décrit ensuite les autres groupes du
terrain subapennin, le calcaire de coraux ou polypiers, la
marne, l'argile, le lignite, et enfin le détritus de coquilles
marines. Pour se former une idée exacte de la direction du
calcaire subapennin par rapport aux roches primitives et au
poudingue, il faut se placer sur une colline élevée, et porter ses regards sur les montagnes qui dominent la ville de
Messine. On verra facilement qu'en partant du sommet
principal du gneiss, qui s'étend du nord-est au sud-ouest,
les collines de formation subapennine se dirigent en général

du couchant au levant, et s'inclinent en pente douce vers
la mer. Il en est de même des autres terrains tertiaires,
marne, grès, chaux sulfatée, etc. Nous ne pouvons pas
suivre ici notre savant auteur dans la nomenclature des polypiers et autres fossiles marins, qu'il a donnée d'après Lamark, Lamouroux et quelques conchyliologistes italiens.
Nous nous contentons, dans cette courte analyse, d'indiquer
les principales localités des groupes qui composent le terrain subapennin de Messine.

Un assez puissant dépôt d'argile se montre tout près de
la ville. Là, comme à Ritiro, à Gravitelli et ailleurs, cette
formation est, suivant M. de Natale, superposée au calcaire
tertiaire, malgré certaines apparences extérieures. Ces argiles accompagnent souvent le lignite, le grès et la marne.
Les lignites abondent aux environs de Messine. Le savant
Campanella en a découvert plusieurs carrières qu'on ex-
ploite avec avantage. Ces restes d'une ancienne végétation
sont descendus des collines voisines, et se sont déposés dans
les bassins postérieurement au calcaire subapennin. On
peut les étudier aux environs de Gonzague, de Gravitelli,
de Castellaccio, de Gesso, etc. Outre les végétaux fossiles,
on a découvert dans cette formation une dent de rhinocéros,
et des restes de poissons qui sont déposés au musée de
Pelaro.

M. de Natale termine son travail sur les terrains subapennins par un article où il est question d'un détritus de coquilles dont ils sont recouverts, et qui en fait la partie la
plus récente. Ce détritus repose sur les marnes de Scoppo,
de Saint-Lycandre, et dans bien d'autres vallées, comme à
Sainte-Anne, à Tremonte, au bas de l'ermitage de Trapani, etc. Il présente des couches sableuses, dans lesquelles
apparaissent souvent des masses de granit, de siénite, de
leptinite, etc. Mais ce qu'il y a de plus important à obser-

ver, c'est que les débris fossiles marins ne sont pas toujours les mêmes dans les diverses localités ; qu'ils sont fragmentés et brisés ; que les coraux se présentent en galets, en cailloux roulés de roches anciennes, et que par là même ils ont été chariés de différents points. La puissance de ce dépôt superficiel n'est tout au plus que d'une palme.

De ces faits et de bien d'autres, notre savant géologue sicilien déduit les conséquences suivantes : 1° le transport de ce détritus eut lieu nécessairement à la fin de l'époque subapennine ; 2° partout où il se montre il est très-peu épais, et par là même la révolution qui le produisit fut de courte durée ; 3° ce ne peut être que des courants d'eau qui ont entraîné les matières dont ce détritus est composé.

« Eh bien ! dit M. de Natale, quel fut sur le globe ce cata-
» clysme qui, postérieur à l'époque subapennine, souleva
» les eaux jusque sur la cime des montagnes, pour y sé-
» journer peu de temps ? La réponse à cette question se
» présente d'elle-même : c'est le déluge décrit par Moïse,
» et dont ont parlé tant d'autres écrivains sacrés et pro-
» fanes.... Les eaux, dans cette épouvantable catastrophe,
» bouleversèrent pour la dernière fois la face de nos ter-
» rains. Alors elles déposèrent une alluvion sableuse mêlée
» à des fragments de coquilles détachés du sédiment su-
» périeur ; elles entraînèrent des montagnes de grès, et les
» fragments des roches pyrogéniques, en roulant au milieu,
» les amoncelèrent en collines. Sans ces considérations, au
» moyen desquelles le plus insignifiant galet atteste son
» origine, l'époque de sa formation et sa détérioration, la
» superficie de la terre serait, à nos yeux, comme un
» abîme informe et incompréhensible, où se confondraient
» et se perdraient les plus vastes et les plus profonds
» génies. »

Après avoir ainsi terminé ses recherches géognostiques

sur les terrains du détroit de Messine , M. de Natale se livre
à quelques investigations géogoniques.

L'immense formation du gneiss qui se trouve dans les
diverses parties du globe , a dû solliciter la plus sérieuse
attention des géologues ; mais , dans les questions relatives
à cette formation, les uns l'ont placée avant, les autres après
le soulèvement du terrain granitique. Il en est plusieurs
qui n'ont fait du gneiss qu'une dépendance du terrain granitique , car ils ont observé des transitions marquées entre
le premier et le second de ces terrains.

M. de Natale, interrogeant les faits par rapport aux roches
de Sicile , pense que les granits, les porphyres, les trapps,
sont une matière injectée de l'intérieur de la terre à sa surface. Il cite à cet égard les observations faites en Angleterre
par M. Mac Culloch, observations qui ont eu un grand reten-
tissement dans les annales de la géologie, parce qu'elles ont
répandu la lumière sur la théorie des soulèvements par
l'injection des roches pyrogéniques fluides de l'intérieur
vers la partie supérieure du globe.

Malgré la décomposition du gneiss à sa superficie , notre
géologue a observé des veines, des espèces de filons de granit qui ont traversé cette roche en sens divers tout près de
Messine, ainsi qu'à Vignazza et à la droite du fort de Gonzague. Le gneiss préexistait donc au granit qui le soule-
vait. M. de Natale prouve très-bien que le soulèvement du
gneiss a eu lieu longtemps avant la formation du terrain
subapennin , ce dont personne ne doute , et du jurassique
de la montagne de Scuderi , qui n'ont pas été traversés par
la matière soulevante; mais, comme la montagne oolithique
de Scuderi n'est pas moins élevée que celle de Dinamare ,
composée de gneiss, une difficulté s'est présentée à l'esprit
de notre auteur. Il l'a résolue , je crois , d'une manière satisfaisante, en admettant pour le terrain secondaire de Scu-

deri un soulèvement postérieur à celui du terrain primitif de Dinamare.

Sans rapporter ici les expressions de M. de Natale, nous allons signaler rapidement les principales pensées par lesquelles il résume et termine son intéressant opuscule.

En définitive, le soulèvement de notre roche pyrogénique s'effectuait avant toute formation sédimentaire. Le jurassique du mont Scuderi, le tertiaire de Rametta, le subapennin de Messine, le terrain arénacé de Cappo-Grosso, n'existaient certainement pas alors. En outre, que le gneiss de Messine soit une continuation de celui de Scylla, ce n'est plus aujourd'hui une opinion, c'est un fait géognostique incontestable.... Alors donc l'Italie ne finissait ni à Spartivento ni à Scylla; le dernier rameau du gneiss de l'Italie était le colosse de Dinamare. Ce mont, en s'élevant comme un géant sur la mer, en brisait les flots à sa base.... Ni végétaux ni animaux ne vivaient sur ces rochers, qui n'étaient qu'un immense désert où régnait le silence de la mort, ainsi que nous l'apprend Moïse dans le chapitre premier de la Genèse : *Terra autem erat inanis et vacua.* Les eaux de la mer de Toscane et de la mer Ionienne n'étaient pas distinctes, et ne pouvaient l'être. Les rochers seuls du Dinamare dominaient l'Océan. La Sicile presque entière n'existait point ; elle attendait les révolutions du globe pour émerger du sein des eaux, et les catastrophes se succédaient avec plus ou moins de rapidité ; et les rochers d'Ali se formaient les premiers ; ensuite s'élevaient les collines de Taormina, surgissait le monstrueux Scuderi, et se terminait la formation jurassique qui s'étend jusqu'à Saint-Julien de Trapani. Alors commençait l'immense formation de la craie sur la montagne Judica, paraissaient les collines qui sont aux environs de Palerme, et puis s'opéra en Sicile la formation des terrains tertiaires. C'est ainsi que la nature

préludait , au pied du Dinamare , à l'existence des terrains
de Messine. Jusqu'alors le gneiss, dans cette contrée, n'était
qu'une roche solitaire, beaucoup plus haute qu'aujourd'hui,
sur les sommités du Dinamare. Le puissant détritus produit par la décomposition du gneiss, à travers une longue
suite de siècles, rend cette vérité incontestable. La température très-élevée de cette très-antique roche, à des époques
très-éloignées , les soulèvements et affaissements qui bri-
saient cette première écorce du globe peu consolidée , devaient opérer la dégradation des roches , dont la nature
schisteuse était une nouvelle cause de dégradation. Du
haut des montagnes les plus élevées roulaient , dans les
plus profonds abîmes , d'énormes blocs , et y produisaient
de vastes attérissements. C'est par cet immense déplace-
ment que commença la formation de la base solide du terrain que les ondes de la mer laissèrent ensuite à découvert.
Alors la mer battait le pied du Dinamare, et de la montagne de Saint-Rizzio à l'aspect du levant. Du côté du nord,
les eaux s'étendaient depuis Dinamare jusqu'au mont Scuderi. Les collines de Milazzo, de Remetta, de Spadifora, de
Gesso , etc., et toutes celles qui commandent Messine, n'é-
taient point encore entièrement formées, elles commen-
çaient seulement à surgir du sein des eaux de la mer. A
mesure que ces collines s'élevaient , les ondes se retiraient
vers Messine, du côté du levant, et vers le mont Scuderi ,
du côté du nord. Nos terrains se formaient lentement et
prenaient l'apparence qu'ils ont aujourd'hui. Le détritus
calcaire , mêlé aux autres détritus subapennins , commença
à constituer une terre féconde , où la vie et la nourriture se
communiquèrent à une belle et puissante végétation , peu
différente de celle que nous admirons de nos jours. C'est
alors que parurent sur ces rivages enchantés les éléphants,
les rhinocéros, les hyènes, les panthères, les antilopes , etc.

Une dernière catastrophe, mais de courte durée, changeait
encore la surface de notre sol ; c'était le déluge dont parle
la Bible : elle transportait et accumulait sur le calcaire subapennin des bancs de coquilles, de mitiles, de balanes, des
bancs de coraux. Alors l'homme, sorti depuis peu des
mains du Créateur, commençait à se répandre sur la face
de la terre. Depuis cette époque, assez récente relativement
aux temps géologiques, jusqu'à ce jour, aucune grande révolution ne s'est reproduite. Nos terrains sont restés presque immobiles. Nous signalerons seulement les dégrada-
tions du gneiss, la décomposition du poudingue, d'abon-
dantes matières arénacées, des attérissements, des dunes,
des détritus quotidiens qui sont de formation actuelle, auxquels nous ajouterons le terrain de tuf qui continue encore
aujourd'hui, et un travertin ou brèche calcaire siliceuse qui
se forme sans cesse sur les rives de la mer, dans toute la
plage qui s'étend de l'est au sud de Messine.

On voit, Messieurs, par ce court aperçu, que la science
géologique, qui, depuis quelques années surtout, a fait de
véritables progrès en France, en Angleterre, en Allemagne,
en Russie et même en Amérique, compte aussi de zélés
partisans en Italie et en Sicile, et que M. de Natale a signalé,
avec autant de bonheur que de talent, dans un très-petit
coin du globe, les principaux terrains qui forment l'écorce
de notre planète.

Pour faire mieux ressortir l'importance de son travail,
et, si j'osais le dire, quelques imperfections, il nous paraîtrait utile de comparer les formations de la Sicile avec
celles d'autres contrées, et en particulier avec celles de
notre Auvergne. Cette entreprise serait au-dessus de nos
forces ; elle serait immense si nous voulions entrer dans de
longs détails. Nous nous contenterons, Messieurs, de vous
soumettre quelques observations géologiques et paléontolo-

giques, en partant d'un point plus imperceptible encore que le détroit de Messine, et qui se trouve, pour ainsi dire, à la porte de notre modeste presbytère.

———

En 1835, une pluie torrentielle forma un petit ravin dans le coteau qui s'élève sur la rive gauche de la Couze, tout près de Neschers, et dont la hauteur est d'environ cent mètres (mesure barométrique prise en ma présence par M. Elie de Beaumont). Je me mis aussitôt à gravir la montagne sans sortir de ce ravin sinueux, depuis le niveau de la rivière jusqu'au sommet, dit le plateau de la Grave, et je comptai plus de cent cinquante couches, de natures et d'épaisseurs diverses, à peu près horizontales et parfaitement stratifiées. Au lieu de les décrire chacune en particulier, ce qui nous conduirait trop loin, nous les divisons en quatre parties ou groupes principaux. Le premier groupe, qui, au niveau de la Couze, repose sur le granit, à quatre cent dix mètres au-dessus de la mer, est composé d'une puissante couche de grès ou arkose, en contact avec la roche primordiale, avec laquelle elle semble se confondre, et puis alternativement de plusieurs autres couches de grès et d'argile. Les argiles sont vertes et compactes; les grès sont tantôt à gros grains de quartz, tantôt à grains fins, et quelques-uns présentent des zones de couleur jaunâtre et ferrugineuse sur un gris verdâtre. Dans un banc qui a deux mètres d'épaisseur, les grains de quartz abondent à la partie inférieure, tandis que la partie supérieure est argileuse, ce qui prouve que ces bancs se sont formés successivement dans un liquide, et que les parties les plus pesantes ont dû se déposer les premières. Viennent ensuite plusieurs autres

2

bancs de grès, qui alternent avec des couches d'argile rouge et d'argile verte. Le calcaire schisteux et compacte commence aussi à paraître.

Dans le second groupe, en allant toujours de bas en haut, c'est-à-dire des formations les plus anciennes à celles qui le sont moins, les grès disparaissent presque entièrement. On ne voit dans ce groupe que des bancs d'argile rouge, d'argile verte, et de calcaire compacte, qui alternent assez régulièrement, et dont quelques-uns ont jusqu'à quatre pieds de puissance, tandis que d'autres n'ont que quelques pouces d'épaisseur. Ce groupe m'a offert cinquante-cinq couches.

Le troisième groupe ne présente plus d'argile. Il est composé de plusieurs bancs de marne et de calcaire qui se succèdent régulièrement.

Le quatrième est entièrement composé de terrains volcaniques. On observe d'abord sur le calcaire marneux un banc de galets de diverses dimensions, en grande partie basaltiques, avec sable et oxyde de fer, et dont l'épaisseur est de cinq à six pieds. Sur ce banc de galets est un dépôt de tuf ponceux d'environ vingt pieds de puissance, qui supporte lui-même un autre dépôt de sable, de gravier, avec galets de ponce, de basalte, de trachyte, de roches primitives, et où j'ai observé de minces zones de trassoïte. C'est ce dernier dépôt, d'environ dix-huit pieds, qui couronne le plateau de la Grave, tant est faible la couche végétale.

Vous voyez déjà, Messieurs, que cette coupe géologique doit offrir un véritable intérêt, puisqu'elle présente tous nos principaux terrains. Reprenons en peu de mots, et sans phrases, nos divers groupes, et comparons.

Le granit, disions-nous, est, à Neschers, la base de toutes les formations que nous venons de signaler. Il ne s'élève, près du pont de cette commune, qu'au niveau de

la Couze, c'est-à-dire à quatre cent dix mètres au-dessus
de la mer. Comme le granit, d'après les observations modernes faites dans un grand nombre de contrées, est tantôt
antérieur, tantôt postérieur au gneiss, même au micaschiste
et à d'autres roches, rien ne s'oppose à ce que le gneiss de
Dinamare ait été soulevé par le granit en fusion, ainsi que
le constatent les faits indiqués par M. de Natale. Tout près
de Saint-Yvoine, canton d'Issoire, des filons de porphyre
ont percé le granit, et semblent aussi l'avoir soulevé sur la
rive gauche de l'Allier. Il en a été de même sur la rive
droite, où l'on observe un puissant filon de ce genre, près
de Four-la-Brouque. Ce granit, qui s'élève à plus de cent
cinquante mètres au-dessus de celui de Neschers, malgré le
peu de distance qui les sépare, lui est absolument sem-
blable. C'est sur cette roche cristalline et primordiale que
repose le vaste plateau de Four-la-Brouque, composé d'arkose et d'argile compacte, qui ont également la plus grande
analogie avec les grès et argiles superposés au granit de
Neschers. Les bancs de Four-la-Brouque s'inclinent vers
Montpeyroux et Neschers, suivant la forme du bassin granitique, et se relèvent ensuite avec la roche primaire vers
Champeix et ses environs. A nos yeux, les arkoses et argiles inférieurs de Four-la-Brouque et de Neschers, les
arkoses de Nonette, de Chateix, etc., sont de la même
époque géologique. Mais quelle a été cette époque? Voilà
une question que j'ai cherché à résoudre depuis longues
années, et qui m'a offert de véritables difficultés.

Sans doute, pendant la formation des immenses dépôts
secondaires que la mer a laissés sur le globe, et qui manquent complètement en Auvergne; sans doute aussi pendant celle des terrains carbonifères dont nous voyons des
lambeaux au sud, au nord et à l'ouest de notre département, il devait se former des roches sédimentaires dans le

bassin de la Limagne, et il serait assez logique de conclure
que ces sédiments ne peuvent être que ceux qui reposent
sur la roche primordiale, et dont les caractères se rapprochent le plus de ceux des terrains secondaires ; mais la
géologie ne se contente plus du raisonnement, il lui faut
des faits. Ils sont d'autant plus nécessaires dans la question
qui nous occupe, que l'on voit souvent sur des roches très-
anciennes des formations relativement fort récentes. Il est
vrai que ce dernier cas n'a pas lieu à Neschers, où les arkoses et les argiles présentent un grand nombre de couches
antérieures à celles du calcaire marneux.

Après bien des recherches, j'ai découvert dans l'arkose
de Four-la-Brouque une petite coquille bivalve que je n'ai
pas rencontrée dans nos terrains tertiaires, plus des empreintes végétales qui n'ont pas de rapport avec celles des
lignites qui appartiennent à ces mêmes terrains, tandis
qu'elles se rapprochent de la végétation de la houille. Enfin,
tout récemment, M. l'abbé Cisterne de l'Orme, curé de
Saint-Yvoine, m'a donné une vertèbre trouvée dans un
banc supérieur de Four-la-Brouque, et qui a appartenu à
un grand saurien bien différent du crocodile dont notre
terrain tertiaire nous a fourni tant de débris fossiles. D'où
je crois pouvoir conclure que les bancs inférieurs de notre
coupe géologique sont contemporains des anciennes formations secondaires.

Si cette manière de voir est fondée, la seconde partie de
la coupe, composée d'un grand nombre de couches d'argile
verte, d'argile rouge, et de calcaire sans fossiles, se rap-
porterait aussi, pour l'âge, aux terrains secondaires moins
anciens, et surtout à la craie, qui est l'étage supérieur de
ces terrains. Les dépôts d'argile sont très-considérables dans
les cantons de Champeix, d'Issoire, d'Ardes, de Sauxillan-
ges, de Saint-Germain, ainsi que dans plusieurs cantons

de la Haute-Loire et du Cantal. Ils s'élèvent, à Montrose, près Champeix, à plus de cent mètres au-dessus de ceux de Neschers, tandis qu'à Randan M. Laplanche, faisant travailler pour un puits artésien, a rencontré les bancs d'argile à près de deux cents mètres au-dessous du sol.

Si les argiles, comme les grès, et nous ne saurions en douter, sont le résultat de la décomposition des roches primaires, composées en grande partie de quartz, de feldspath, de mica, d'amphibole, etc., il est incontestable qu'il a fallu bien des siècles pour que cette décomposition se soit opérée, et que nos nombreuses couches se soient formées dans nos bassins. Cette formation n'a pu avoir lieu que successivement et par intervalles; de manière que, lorsque les eaux tenaient en dissolution du fer hydraté avec les molécules argileuses, elles formaient une couche à teinte rougeâtre; puis les sources calcarifères déposaient leur banc de calcaire, et ainsi de suite. C'est donc pendant ce long espace de temps, en y comprenant celui que réclament nos grès et argiles inférieurs, que se déposaient tous les terrains secondaires de la Sicile et des autres régions de la terre, les grès rouges, le grès bigarré, l'oolithe, l'argile de Dive, l'argile d'Honfleur, le calcaire de Puberck, l'argile weldienne, et enfin les terrains crétacés, dont le puits artésien de Grenelle nous a révélé un très-puissant dépôt dans le bassin de la Seine, dépôt analogue à celui qu'a signalé M. de Natale.

Venons maintenant à la troisième partie de notre coupe géologique. Ici la distinction des terrains est parfaitement tranchée. Jusqu'à présent cette coupe a offert des bancs d'arkose et d'argile rouge et verte qui alternent entre eux, puis les argiles qui alternent avec des bancs de calcaire sans fossiles, du moins sans les moindres débris de mammifères vivipares. La formation de calcaire marneux, au contraire, ne présente rien de tout cela. Ses couches, au nombre de plus de trente, et se succédant alternativement d'une manière très-régulière, sont exclusivement composées de marne et de calcaire. Les couches de marne tirent sur le bleu; celles de calcaire, du moins plusieurs, sont jaunâtres. Cette formation, qui existe dans presque toute notre Limagne, et dans bien d'autres contrées, et qui pénètre à une grande profondeur à Randan, tandis qu'elle s'élève à une grande hauteur à Barneire et à Olloy, nous a fourni un très-grand nombre de fossiles à Neschers, à la Sauvetat, à Cournon, au Petit-Pérignat, à Dallet, au Pont-du-Château, à Lezoux, et dans plus de vingt autres localités. Ces fossiles sont des mollusques: lymnées, planorbes, etc.; des reptiles: tortues, crocodiles, lézards, serpents, etc.; des oiseaux en grand nombre, parmi lesquels quelques oiseaux carnassiers et beaucoup d'échassiers et de palmipèdes; des œufs d'oiseaux et de reptiles; des mammifères pachydermes, carnassiers, ruminants, rongeurs, insectivores, etc. C'est à cette formation que nous rapportons les marnes de Volvic, les grès adossés aux argiles de Saint-Germain-Lembron et de Boude, où nous avons découvert les mêmes fossiles. C'est encore à cette formation, mais à un étage supérieur, qu'appartiennent une partie des puys de Nonette, de Barneire, de Saint-Romain, de Corent, où nous avons recueilli, avec des potamides, un grand nombre d'insectes, de petits poissons, des plumes d'oiseaux, et beaucoup d'empreintes végétales. A cet étage appartiennent aussi les argiles à lignite de Gergovia, au-dessus de Merdogne, également riches en plantes, en mollusques, en insectes et en poissons; enfin les lignites des environs du Broc, de la Tour-de-Boulade, etc., et surtout du bassin de Menat, où abondent les végétaux et les poissons, plus encore que dans les autres localités. Nous ne pouvons cependant passer sous silence, comme appartenant au même étage, le calcaire à cypris de Gergovia, celui de Chaptuzat, qui nous a offert tant d'ossements fossiles, et surtout le calcaire indusien ou à frigancs de Saint-Gérant-le-Puy (Allier), où, en six jours, sans parler des végétaux fossiles, j'ai découvert plus de quarante espèces de reptiles ou de quadrupèdes, toutes analogues à celles des autres lieux que nous venons d'indiquer.

Il n'en est pas de même du bassin du Puy (en Velay). Les espèces fossiles de ce calcaire marneux, quoique analogues aux nôtres pour les genres, ne le sont pas, en général, considérées spécifiquement. Elles présentent presque toutes des caractères distinctifs. Ces caractères sont encore plus marqués dans les fossiles fournis par le calcaire du bassin du Gers, où, près de Sansan, M. Lartet a fait une ample moisson paléontologique, et où il a trouvé même des débris de quadrumanes.

A ces deux étages de nos terrains tertiaires, nous pourrions en ajouter un troisième plus récent, celui des calcaires concrétionnés, et d'espèces de meulières qui correspondent au terrain tertiaire supérieur du bassin parisien ; mais s'il y a confusion à ne pas diviser les terrains, cet inconvénient peut aussi résulter de la multiplicité des divisions. Au reste, pour nos formations tertiaires, qui, comme on le voit, sont très-considérables dans notre Limagne, je n'adopte pas la classification anglaise, qui consiste à les diviser en éocène, miocène et pliocène. Cette classification ne cadre pas le moins du monde avec nos découvertes paléontologiques. Ces découvertes sont déjà si nombreuses, que la vie même assez longue d'un habile naturaliste ne suffirait pas pour les décrire en détail. Le célèbre Cuvier, dans un rapport qu'il eut l'obligeance de présenter à l'Institut, en 1828, sur nos *Recherches*, avait bien raison de dire que *ce qu'il avait découvert était peu de chose en comparaison de ce qu'on découvrait tous les jours et de ce qui restait à découvrir.*

En effet, depuis 1828, de nouvelles richesses n'ont pas fait défaut à la paléontologie; mais Cuvier lui a manqué, et cette belle science a fait peu de progrès en France, malgré les travaux de Blainville, qui a commis de plus graves erreurs que celles qu'il reproche à Cuvier, parce qu'il n'avait pas des connaissances solides en géologie, et qu'il s'est un peu trop abandonné à ses préventions envers son illustre prédécesseur. Au reste, l'ostéographie de M. de Blainville laissera à la science de précieux documents.

Vous voyez déjà, Messieurs, qu'à notre époque tertiaire, mais à cette époque seulement, la flore et la faune de nos contrées étaient très-riches, et nous ajoutons, très-différentes de ce que nous y voyons aujourd'hui. Ces formes de vie végétale et animale ont, en général, été détruites par les révolutions, c'est-à-dire par les agents inférieurs et extérieurs du globe. Non-seulement les espèces d'animaux ont été anéanties, mais encore plusieurs de leurs genres. Ces animaux, si singuliers pour la plupart, sont de l'âge des paléothériums, des anoplothériums, et d'autres genres perdus qui ont été découverts, surtout dans les plâtrières de Montmartre, et ressuscités, pour ainsi dire, par les profondes recherches du grand anatomiste que nous venons de citer. Les singes eux-mêmes qui vivaient dans le bassin du Gers, devaient appartenir à des espèces différentes de celles de nos jours. S'ils ont été créés longtemps avant l'homme, dont ils se rapprochent par l'organisation, et dont ils sont si éloignés par les facultés d'un ordre supérieur, c'est qu'ils pouvaient supporter une température élevée, et qu'ils trouvaient alors dans cette région des conditions d'existence qui n'auraient pas suffi à la conservation de l'espèce humaine, destinée par son auteur à se propager dans toutes les parties du globe.

Quant aux végétaux qui ornaient nos plateaux et les

bords de nos bassins, ils ont appartenu, comme aujourd'hui, à des arbres, arbustes et plantes herbacées voisins des conifères, des palmiers, des châtaigniers, des noyers, du tremble, du tilleul, du grenadier, du laurier, de l'oranger, du saule même, etc., etc.; mais ces espèces fossiles sont-elles les mêmes que celles qui vivent encore en Auvergne et dans des contrées plus méridionales? Je ne le pense pas; je suis porté à croire, par analogie, qu'il en a été, en général, pour les végétaux comme pour les animaux, et que plusieurs de ces espèces, sinon toutes, sont perdues. Le noyer, par exemple, dont j'ai trouvé des feuilles en plusieurs endroits, et des fruits silicifiés bien caractérisés dans le grès psammite de Ravel, ne ressemble pas à notre *juglans regia*, qui vient de l'Asie, mais à un noyer de l'Amérique du Nord. Or, qui pensera que notre noyer fossile est de la même espèce qu'un de ceux du nouveau monde? Comment les espèces fossiles, si elles n'existent plus dans nos contrées, seraient-elles allées se réfugier dans l'Amérique septentrionale? Nous pensons donc qu'il y avait à l'époque tertiaire, ainsi qu'à l'époque actuelle, plusieurs centres de création plus ou moins étendus, tant pour le règne végétal que pour le règne animal. Parmi les formes de vie qui existaient alors, il semblerait que celles qui séjournaient plus ou moins dans l'eau, comme certains mollusques, des reptiles, tortues d'eau douce, crocodiles et autres sauriens, des anoures, des batraciens, etc., et surtout les poissons, auraient pu se conserver jusqu'à nos jours; mais il n'en a pas été ainsi. J'ai porté à Paris plusieurs poissons fossiles de Menat et d'autres localités. Ces poissons ont bien de l'analogie avec les genres cyprin, perche et autres; cependant, d'après la détermination de MM. Agassis et Valenciennes, ils appartiennent à des espèces perdues, et ces savants les ont nommés, une espèce, *Aspius Brongnarti*;

une autre, *Smeridis;* une troisième, *Lates*, etc. Il en est même une que M. Valenciennes a regardée comme un genre inconnu, et il m'a dit qu'il fallait placer ce genre près des *sciénoïdes*. Les oiseaux eux-mêmes, dont plusieurs genres pouvaient émigrer, sans doute, comme à notre époque, ont appartenu à des espèces éteintes. Nous avons découvert les débris fossiles d'un grand nombre de ces espèces, et M. Bouillet a eu la bonté de m'en procurer plusieurs que je ne possédais pas. Aidé des lumières du savant et modeste collaborateur de Cuvier, M. Laurillard, nous avons comparé ces ossements fossiles avec ceux des espèces vivantes; nous avons vu, par exemple, dans les grâlles, des os qui se rapportent aux genres ibis, chevalier, spatule, phénicoptère, et à bien d'autres à longs pieds et à grandes ailes; parmi les palmipèdes plusieurs se rapportent au genre anas et autres; mais les ossements fossiles présentent des caractères spécifiques qui les distinguent des oiseaux vivants. D'où je crois pouvoir conclure que la flore et la faune qui nous occupent, au lieu d'avoir émigré, ont été anéanties, et remplacées par d'autres.

Maintenant, Messieurs, si l'on nous demande pourquoi nous séparons aujourd'hui certains grès, ainsi que les argiles rouges et vertes, avec les bancs de calcaire sans fossiles qui les accompagnent, de la formation tertiaire à laquelle, de concert avec plusieurs géologistes, nous les avions rapportés, comme on le voit dans le discours préliminaire de nos *Recherches*, nous répondrons tout simplement qu'il faut marcher avec les faits. Notre nouvelle manière de voir sur ce point nous paraît mieux coordonner nos terrains entre eux et avec ceux des autres contrées, et surtout avec nos découvertes paléontologiques. Au reste, il est certain que nos arkoses et nos argiles, d'après la coupe géognostique de Neschers, sont antérieurs au calcaire marneux, qui cependant appartient à l'étage inférieur des terrains tertiaires, ainsi que je m'en suis convaincu moi-même en Angleterre et en France. Ne pouvant donner ici un grand développement à cette assertion, je me contente de jeter un coup d'œil rapide sur les terrains tertiaires du bassin de la Seine, comparés aux nôtres. En 1828, feu M. Alexandre Brongniart daigna me tracer un itinéraire au moyen duquel il me fut permis de voir, en deux jours, les terrains tertiaires de ce bassin. C'est d'abord l'argile plastique, premier terrain d'eau douce, qui repose sur la craie, dernier terrain marin secondaire; puis le calcaire grossier, qui est marin; puis le gypse, qui est un dépôt d'eau douce, et ainsi de suite. Cette alternance des terrains marins et des terrains d'eau douce n'existe, disions-nous, ni dans notre département, ni dans quelques départements voisins où les formations marines manquent entièrement; mais les fossiles des terrains lacustres parisiens sont les mêmes que les nôtres, sinon pour les espèces, du moins pour les genres. En effet, on observe dans l'argile plastique des planorbes, des lymnées, des paludines, des mélanies. Or, tous ces genres, et plusieurs autres, ont aussi leurs représentants dans nos terrains tertiaires. Les genres mélanie, potamide, unio, cérithe d'eau douce, se trouvent même dans notre étage supérieur à Gergovia, plus haut que Merdogne, où l'on observe aussi dans une espèce d'argile un lignite fort riche en empreintes végétales, analogues à celles que présente l'argile plastique des environs de Soissons, et qui, chez nous, sont beaucoup plus nombreuses en espèces.

La seconde formation du terrain d'eau douce de Paris est le gypse, dont les carrières ont fourni les précieux matériaux du grand et immortel ouvrage de Cuvier. Ce profond anatomiste, qui a fait faire un pas immense à la paléontologie, a décrit, avec son admirable sagacité, un grand nom-

bre d'espèces, et plusieurs genres inconnus dont les dépouilles étaient cachées dans les plâtrières de Montmartre
et dans d'autres terrains tertiaires, avant la formation desquels il est impossible de constater d'une manière positive
l'existence des quadrupèdes vivipares. Ce sont des pachydermes des genres paléothériums, anoplothériums, adapis,
chéropotames, etc. ; des carnassiers, parmi lesquels se trouve
celui que MM. de Parieu et de Laizer ont nommé *Hyénodon*,
et qu'ils ont donné comme un genre nouveau et inconnu,
tandis que Cuvier l'avait découvert (1), et parfaitement fait
connaître comme voisin des *coatis*. Je l'avais aussi découvert à Cournon, et M. de Chalagnat m'en avait procuré du
calcaire de la Sauvetat une branche entière de la mâchoire
inférieure. Les carrières de Montmartre ont encore fourni à
Cuvier une espèce de sarigue parfaitement caractérisée,
surtout par les os marsupiaux. Nous aussi, nous avons
trouvé dans nos terrains tertiaires plusieurs espèces de di-
delphes. Le nombre de nos carnassiers est bien plus considé-
rable que celui des terrains lacustres du bassin de la Seine :
les uns étaient de grande taille, d'autres de taille moyenne,
d'autres étaient plus petits; il y en a qui avaient de la ressemblance, malgré des différences bien tranchées avec la
famille des viverra, civettes, martes, putois, mangoustes,
loutres, chats, etc. Les plâtrières de Paris ont aussi fourni
des représentants de quelques-uns de ces genres, quoique
les espèces soient différentes. Quant aux carnassiers insectivores de l'Auvergne, toujours de notre époque tertiaire,
ils présentent de l'analogie, les uns avec le cladobate et le
tupaia de Java, les autres avec la taupe, d'autres avec le

(1) Voir *Recherches de Cuvier*, tome III, page 269, et planches 68
et 69.

condylure d'Amérique, d'autres avec le hérisson à longues
oreilles, *erinaceus auritus*, que Pallas a vu en Perse, et
Geoffroy-Saint-Hilaire en Egypte; mais les espèces fossiles
sont toujours bien distinctes des espèces vivantes.

Le bassin de la Haute-Loire, et celui du Puy-de-Dôme, qui
s'étend dans le département de l'Allier, nous ont aussi offert, dans leurs terrains lacustres, plusieurs espèces de paléothériums et anoplothériums, mais distinctes de celles de
Montmartre. Nous avons en outre découvert dans ces bassins
d'autres genres de pachydermes qu'on n'a pas trouvés dans
ces plâtrières. M. Cuvier a décrit, sous le nom d'anthraco-
thérium, un grand pachyderme, dont les dépouilles ont été
recueillies près du village de Cadibona, en Ligurie. J'ai
passé l'année dernière dans cette contrée, tout près de Sa-
vone, et je me suis convaincu, qu'au lieu d'anthracite, il ne
s'y trouve qu'un véritable lignite tertiaire. J'en étais convaincu d'avance, puisque, comme nous venons de le dire,
avant les terrains tertiaires, il n'existait pas de mammifères
vivipares. En conséquence, au lieu de nommer ce genre
anthracotherium, je lui ai donné le nom de *Cyclognatus*, qui
le caractérise parfaitement, puisque la partie postérieure de
la mâchoire inférieure est très-développée, et arrondie en
forme de cercle. Nous avons découvert les restes d'au moins
trois espèces de ce curieux genre, deux espèces dans le
calcaire du Velay *(cyclognatus minor* et *cyclognatus medius)*,
dont la première n'avait guère que les dimensions du porc
de Siam, tandis que la seconde était de la taille du tapir.
Nous avons trouvé en Auvergne de magnifiques morceaux
de la grande espèce, et peut-être de deux, dont l'une égalait les plus grands rhinocéros, l'autre le rhinocéros de Sumatra *(cyclognatus giganteus* et *cyclognatus secundus)*;
mais ce second peut être une race aussi bien qu'une espèce.
Les fossiles de ce genre sont des mâchoires, des portions de

mâchoire, et des os des membres. Cet animal est un des
plus anciens quadrupèdes qui ont existé dans nos parages.
Nous en avons trouvé les débris dans un banc de grès, sous
un grand nombre d'autres couches, aux environs de Nonette,
dans le grès de Saint-Germain-Lembron, dans une couche
de calcaire, près Cournon, à cent vingt pieds au-dessous du
sol, dans les environs d'Artone, et dans d'autres lieux, mais
toujours dans l'étage inférieur du terrain qui nous occupe.
Nous avons décrit une belle mâchoire de ce grand et singulier pachyderme, et notre mémoire, avec planche, fut inséré
dans les *Annales des sciences naturelles* de Paris.

Nos terrains en question nous ont aussi présenté les nombreux débris d'un autre genre de pachydermes, voisin du
lophiodon et du rhinocéros, mais qui n'est ni l'un ni l'autre.
Ce genre, qu'on n'a pas encore observé ailleurs, a vécu
longtemps en Auvergne ; car j'en ai trouvé des portions de
tête et des membres dans le grès de Vodable, dans le
même banc où gisait le *cyclognatus giganteus*, à Cournon,
en un mot, dans l'étage inférieur de nos formations tertiaires ; mais ses dépouilles abondent aussi dans l'étage supérieur, à Chaptuzat, à Gannat, etc. Ce nouveau genre n'est
pas un lophiodon, puisque les dernières molaires inférieures
n'ont que deux collines transverses, comme dans le rhinocéros ; ce n'est pas non plus un rhinocéros, puisqu'il n'avait
point de cornes, et qu'il s'en distingue par d'autres caractères. Chose assez singulière ! mon ancien ami, le bon abbé
Lacoste, qui niait l'existence de nos fossiles, et qui me plai-
gnait beaucoup, en ce que je prétendais en avoir découvert,
avait lui-même envoyé à M. Cuvier un objet qu'il regardait
comme un jeu de la nature, et qui était un fémur venant
de Chaptuzat. Cuvier, qui n'avait pas vu les dents de notre
animal, attribua tout naturellement ce fémur au lophiodon.
En 1829, je montrai à ce savant professeur des mâchoires

de ce grand pachyderme, et il convint que c'était un genre
particulier. Je le nommai *badactherium*, par la raison que
les trois espèces de ce genre que nous avons découvertes en
Auvergne, se rapprochent, malgré des différences notables,
l'une des grands rhinocéros vivants, et surtout du rhinocéros de Java, que les habitants de cette île nomment *badac*,
l'autre du rhinocéros de Sumatra, tandis que la plus petite
n'avait que la taille du sanglier. M. Lartet a découvert aussi,
dans le calcaire de Sansan, trois espèces analogues, mais
bien différentes.

Les ruminants, qui paraissent manquer dans le gypse parisien, ne sont pas rares dans les terrains tertiaires de l'Auvergne. J'en ai découvert plus de quatre cents échantillons
fossiles qui signalent deux genres et au moins six espèces.
Feu M. Geoffroy-Saint-Hilaire a donné à notre premier
genre le nom de *Dremotherium* (animal qui court). Il était
élancé ; il n'avait point de bois, mais il avait une fausse
molaire de plus que les cerfs. J'ai nommé *Elaphtherium*
le second genre, dont les espèces, au moins une, avaient
des canines comprimées, longues, tranchantes et un peu
recourbées, au moyen desquelles l'animal pouvait, en s'é-
lançant, se suspendre à des branches d'arbres, comme les
chevrotains de Java et de Sumatra. La plus grande de nos
espèces surpassait à peine la taille du mongeal, tandis que
la plus petite n'était guère au-dessus de celle du chevro-
tain pygmée. Le tibia, dans quelques-unes de nos espèces,
présente des facettes qui indiquent un péroné, et il y en avait
une au moins de notre second genre qui portait de petits
bois sans andouillers. Les ruminants de Sansan sont bien
différents des nôtres et de plus grandes dimensions ; mais
celui du terrain tertiaire d'Orléans, et que Cuvier a signalé,
se rapproche de l'une de nos espèces par le système dentaire.

Quant aux rongeurs, M. Cuvier n'en a découvert à Montmartre que deux espèces voisines du genre loir. Nos terrains lacustres nous ont fourni les débris de douze espèces qui forment plusieurs genres, et qui diffèrent de tous les rongeurs que nous connaissons aujourd'hui. Elles n'ont quelque analogie qu'avec celles qui existent maintenant dans l'Australasie, dans les Indes orientales, au cap de Bonne-Espérance et dans l'Amérique du sud. Or, outre leurs caractères spécifiques, je dirai même génériques, les antiques rongeurs de notre contrée ne se sont probablement jamais embarqués pour ces régions lointaines; ils ont donc été détruits dans le lieu où ils habitaient. Nous leur avons donné le nom des localités où nous avons recueilli leurs dépouilles. Ainsi nous avons nommé *Issiodoromys*, c'est-à-dire rat ou rongeur d'Issoire, celui que nous avons d'abord observé dans le calcaire marneux des environs de cette ville ; *Volvicomys*, celui des marnes de Volvic ; *Gergovicomys*, etc. Le plus grand de nos rongeurs fossiles tient le milieu, pour la taille, entre le castor et l'ondatra ; le plus petit n'était pas plus gros que la souris. J'avais rédigé un long mémoire sur ces intéressants rongeurs ; je l'avais envoyé à M. de Blainville, qui avait promis, après un rapport à l'Institut sur toutes mes découvertes, de le faire insérer dans les *Annales du Muséum d'histoire naturelle ;* M. de Blainville n'est plus, et, malgré mes réclamations, le mémoire a subi pour moi le sort des espèces qu'il signale : il est perdu.

Notre intention n'est pas de comparer ici nos oiseaux fossiles, nos reptiles, nos poissons avec leurs analogues du bassin parisien, qui, sous ces divers rapports, s'est aussi montré moins riche que le nôtre, et dont les espèces ne sont pas non plus identiques, quoiqu'elles datent de la même époque géologique. Je vous demande seulement, Messieurs, la permission d'ajouter un mot sur les insectes fossiles, dont les terrains d'eau douce de la Seine se sont montrés si avares jusqu'à présent, et qui sont si nombreux dans ceux de notre contrée. Comme tout se lie dans la création, il fallait des insectes pour les carnassiers insectivores et certains oiseaux ; des mollusques, des reptiles, des poissons, pour d'autres genres d'oiseaux ; des plantes, pour les herbivores ; des herbivores, pour les carnassiers, etc. Tout cela existait à l'époque qui nous occupe ; et c'est ainsi que, comme aujourd'hui, se maintenait l'harmonie générale. Quoique l'entomologie fossile soit encore très-peu avancée, et que, dans l'état actuel de la science, nous ne puissions pas déterminer, d'une manière précise, nos espèces et nos genres, nous pouvons dire, avec une très-grande probabilité, que nous avons observé dans nos terrains tertiaires, à Cournon, à Gergovia, à Chaptuzat, et surtout à Corent, des insectes de presque tous les ordres que renferment nos classifications scientifiques. Ainsi, nous avons trouvé en grand nombre des insectes qui ne paraissent pas avoir été pourvus d'ailes, et qui ont du rapport avec les aptères ; beaucoup d'espèces de mouches de l'ordre des diptères ; des insectes voisins des cigales, et par conséquent de l'ordre des hémiptères ; des papillons, qu'on place dans les lépidoptères ; d'autres qui se rapprochent des guêpes par leurs formes, et qui appartiennent aux hyménoptères. Nous avons vu des scarabées et des espèces de sauterelles bien caractérisées, ainsi que plusieurs libellules à ailes avec réseau, parfaitement empreintes sur la pierre ; ainsi les orthoptères, les coléoptères et les névroptères avaient aussi laissé leurs restes dans nos terrains d'eau douce, bien longtemps avant l'existence de l'homme. Nous ne prétendons pas pour cela que toutes ces antiques formes de vie puissent parfaitement s'adapter aux méthodes de la science humaine, quelle que

3

soit l'importance de ces méthodes pour notre faible intelligence.

Nous avons découvert et observé attentivement, outre beaucoup d'insectes parfaits, des chrysalides et des larves en quantité, en particulier une chenille de papillon très-reconnaissable. Tous ces faits et bien d'autres, particulièrement les œufs et les empreintes de plumes d'oiseaux, prouvent jusqu'à l'évidence que nos bancs tertiaires se sont formés dans un liquide calme et tranquille, ce que n'admettait pas M. Cuvier, qui nia en ma présence l'existence d'œufs fossiles dans les couches pierreuses, jusqu'au moment où je lui en montrai plusieurs qui étaient encore dans des fragments de calcaire.

Comme l'étude des insectes fossiles est à peine ébauchée, malgré sa haute importance sous le rapport de la paléontologie et de la géologie, il serait vivement à désirer que d'habiles entomologistes vinssent dans notre contrée les examiner sur place, ou du moins se procurassent un grand nombre d'échantillons, et pussent les comparer avec les insectes qui vivent aujourd'hui en Europe et dans des climats dont la température est plus élevée.

Jusqu'à présent, on n'a parlé que d'un élytre de l'ordre des coléoptères, trouvé dans l'oolithe de Stonesfield, en Angleterre, et cet élytre se rapporte à un genre qui existe dans la Nouvelle-Hollande. Outre les friganes, on a observé, dans quelques terrains tertiaires, mais presque toujours dans l'ambre, des insectes qui se rapportent à des genres dont les espèces habitent les contrées les plus chaudes de la terre. On a signalé en particulier un fragment de succin que possédait Desmaret, provenant de la Prusse, et qui renferme un insecte coléoptère appartenant au genre *atractocère* du royaume d'Ovare, en Afrique. Le calcaire fossile d'Œningen a offert également quelques empreintes de

larves et même de nymphes de libellules; mais nous atten-
dons encore un ouvrage sérieux sur cette intéressante partie
de l'histoire naturelle, et son auteur trouvera, dans nos
bancs lacustres, de précieux matériaux. Au puy de Corent,
où abondent les insectes, existaient des sources minérales
dont on voit encore des vestiges à peu de distance de la
montagne. Ces sources, en déposant les bancs tertiaires,
conservaient des poissons auxquels les insectes servaient de
nourriture, et entretenaient des végétaux qui, à leur tour,
nourrissaient aussi et abritaient les uns et les autres.

Ici se présente une difficulté que nous ne devons pas
passer sous silence, et qui n'a pas été éclaircie jusqu'à présent; la voici. Tandis que le règne animal de l'époque tertiaire se rapproche de celui qui existe aujourd'hui dans les
régions intertropicales, ou dans celles qui les avoisinent, le
règne végétal de la même époque présenterait de l'analogie
avec les plantes actuelles de l'Amérique septentrionale, et
celles des régions boisées du nord de notre hémisphère.
C'est ce que nous apprennent MM. Sternberg et Adolphe
Brongniart, qui ont décrit des plantes fossiles des terrains
tertiaires de l'Allemagne et de la France. Loin de contre-
dire les observations de ces estimables savants, nous venons
les confirmer par de nouveaux faits. Nous avons trouvé
aussi en Auvergne des restes très-reconnaissables d'ormes
et d'érables, même leurs fruits nommés samares, des feuilles
de charme, de bouleau, de pin, de saule, de noyer, etc.,
qui ont leurs analogues dans le nord des deux continents;
mais outre ces conifères, ces amentacées, ces juglandées, etc.,
nous avons vu, dans nos terrains tertiaires, des liliacées,
des légumineuses, des laurinées, des myrtacées, des palmiers et autres familles voisines de la Méditerranée et d'autres contrées dont la température est encore plus élevée.
N'oublions pas du reste que la flore fossile de cette époque

n'est pas très-avancée, et qu'il reste bien des doutes à dissiper. Ainsi, quelques-unes des familles et même des genres que nous venons d'indiquer, sont bien les mêmes qui existent dans le Nord ; mais on ne peut affirmer l'identité des espèces entre ces derniers végétaux et ceux de notre époque tertiaire. De fortes raisons, au contraire, combattent cette identité d'espèces, même dans celles qui se rapprochent le plus de la végétation de l'Amérique du nord.

M. Tournal a découvert, dans la marne d'Armissan, près de Narbonne, des plantes fossiles que M. Adolphe Brongniart a décrites dans une notice qu'il eut l'obligeance de m'envoyer. Parmi ces plantes, qui sont peu nombreuses en espèces, comparativement à celles de nos couches tertiaires, s'est rencontrée une feuille que M. Brongniart a rapportée au genre *comptonia* de l'Amérique septentrionale. Or cette feuille, d'ailleurs parfaitement conservée, a singulièrement embarrassé M. Brongniart. Il convient qu'il existe une analogie fort remarquable entre les feuilles de cette plante fossile et celles de plusieurs espèces de *dryandra*, genre qui ne croît maintenant qu'à la Nouvelle-Hollande ; mais malgré cette grande ressemblance, *je n'ai pu*, dit-il, *me décider à rapprocher cette plante d'un genre aussi complétement exotique*. M. Brongniart aurait eu probablement moins de peine à se décider, s'il avait pensé que nous avions découvert, dans nos bancs lacustres, des restes d'animaux qui ont une véritable analogie avec quelques-uns de ceux qui vivent dans la Nouvelle-Hollande. Quoi qu'il en soit, M. Bongniart a placé la plante d'Armissan dans le genre *comptonia*, avec lequel elle offre des rapports ; et, pour exprimer son doute, il l'a nommée *Comptonia dryandræfolia*. Nous aussi, nous avons trouvé à Gergovia plusieurs feuilles semblables, mais plus grandes, qui sont évidemment du même genre, mais non pas de la même es-

pèce que celle d'Armissan. Ces deux espèces fossiles se
rapprochent beaucoup moins du *comptonia* d'Amérique,
qui n'est composé que d'une espèce, que du *dryandra* de
l'Australasie, où il compte plusieurs espèces, par la ressemblance des feuilles et des nervures, et surtout par l'épaisseur des feuilles qui, dans le genre *comptonia*, sont fort
minces et membraneuses, comme l'a dit M. Brongniart lui-
même, tandis que dans le genre *dryandra*, ainsi que dans
notre genre fossile, elles sont très-épaisses, autant au moins
que celles de notre *asplenium Ceterachc*.

La difficulté qui s'était naturellement présentée, nous paraît maintenant facile à résoudre, toujours d'après les faits
et non d'après les théories. La température de notre France
et de plusieurs autres régions, était plus élevée qu'aujour-
d'hui, autrement les animaux de cette époque n'auraient
pas pu vivre dans notre contrée. Quant aux végétaux, les
uns, qui croissaient sur nos montagnes alors plus élevées,
étaient analogues pour les genres à ceux des pays du Nord ;
au lieu que ceux qui vivaient dans les vallées ou sur le
bord des bassins, se rapprochaient davantage de ceux qui
existent maintenant dans les pays chauds. C'est du reste ce
que l'on peut observer encore, et ce que j'ai observé moi-
même dans les environs de Naples : tandis que sur une
montagne élevée on voit les ormes, les pins, les bouleaux
même, à la base de cette montagne croissent en pleine
terre les lauriers, les palmiers, les cactées, les grenadiers,
les orangers, etc. Il y avait donc harmonie entre la flore et
la faune de notre époque tertiaire, dont les innombrables
formes de vie disparurent par suite des révolutions du globe,
et surtout par l'abaissement de la température.

Si nous voulons maintenant comparer nos terrains tertiaires avec ceux de l'Italie et de la Sicile, nous dirons en
deux mots qu'il existe, dans cette partie sud de l'Europe,

des formations aussi anciennes que les nôtres, ainsi que l'indiquent les lignites de Cadibona déjà cités, les terrains tertiaires des environs de Bologne, etc. ; mais il n'en est pas de même des terrains subapennins proprement dits, que M. de Natale nomme tous tertiaires. Ces terrains sont en général des marnes calcaires, des argiles, des lignites surmontés en certains endroits par des cailloux et des sables ferrugineux. A cette formation semblent se rapporter les faluns de la Loire, une partie de la mollasse de la Suisse et le crague d'Angleterre, d'après mes propres observations. Or ce terrain est réellement plus récent que le calcaire marneux de l'Auvergne et le calcaire grossier parisien. Cette assertion se trouve établie par les faits suivants : 1º les mollusques marins sont presque tous différents de ceux du calcaire grossier, et se rapprochent beaucoup plus de ceux qui vivent dans les mers environnantes ; 2º les lignites, surtout ceux des environs de Messine, ont plus d'analogie avec ceux de nos tourbières qu'avec ceux de nos terrains lacustres ; 3º les ossements de grands mammifères, signalés par M. de Natale, n'ont de rapport qu'avec ceux de nos alluvions anciennes et volcaniques, dont nous allons nous occuper un instant.

Tout ce que nous venons de dire se rapporte plus ou moins directement à la coupe géologique de Neschers. Il en est de même des observations suivantes. La partie supérieure, qui est la quatrième de cette coupe, est, disions-nous, entièrement composée de terrains volcaniques. C'est d'abord, sur le calcaire marneux, une couche de galets en grande partie basaltiques, puis un puissant dépôt de tuf ponceux, et un autre puissant dépôt de sable et de gravier.

Nous ne rappellerons pas ici ce que nous avons dit, dans le *Discours préliminaire* de nos *Recherches*, sur les terrains de l'Auvergne, et en particulier sur les terrains volcani-

ques. D'ailleurs ces terrains ont été parfaitement décrits et
signalés par nos savants et honorables collègues, MM. Lecoq
et Bouillet ; il serait donc inutile d'y revenir. Ainsi que
vous venez de le voir, Messieurs, à l'occasion de nos formations générales , mon principal but est, non pas de décrire
en détail, dans cette courte notice , mais de donner une
idée de nos richesses paléontologiques relativement à celles
d'Italie , de Sicile et d'autres contrées. La paléontologie est
une science d'une haute portée , qui se lie intimement avec
la géologie , et qui intéresse vivement les véritables naturalistes. Aussi, dès les premières années de nos découvertes ,
qui alors étaient bien moins nombreuses qu'aujourd'hui ,
plusieurs savants de France , d'Allemagne et d'Angleterre ,
sont venus visiter nos collections. M. Cuvier, surtout , attachait un grand prix à ces découvertes. Forcé par des circonstances indépendantes de ma volonté, je cédai une assez
belle collection de fossiles au Musée de Paris , et plus tard ,
des doubles au Musée britannique. Comme la science est
de tous les pays, j'espère que ces objets lui profiteront ,
placés comme ils sont sous les yeux du monde savant. Au
reste , depuis, j'ai recueilli de nouveau bon nombre de nos
anciennes espèces , et, grâce à mes manuscrits et aux notes
que m'ont procurées les riches collections de MM. Bouillet
et Bravard, qui m'ont généreusement donné communication
de leurs précieuses découvertes, je me trouve en mesure de
les faire connaître en peu de mots. Ce ne sera, ainsi que nous
venons d'en agir à l'égard des fossiles des terrains tertiaires,
qu'un catalogue aride comme les vieux ossements ; mais il
fera apprécier de plus en plus les immenses richesses scientifiques de notre contrée. Voici donc quelles sont les principales espèces que signalent les très-nombreux restes fossiles trouvés dans les alluvions anciennes et les terrains
meubles de l'Auvergne.

Pachydermes.

Mastodontes. — Quatre espèces, dont la plus grande, découverte par M. Bravard, est voisine du mastodonte de l'Ohio ; la seconde, du mastodonte à dents étroites ; la troisième, de celui que M. de Humboldt a découvert dans le Chili, et la quatrième, un peu plus petite, mais sans analogue. Le calcaire de Sansan a offert à M. Lartet une espèce plus petite encore, ce qui paraîtrait indiquer que ce calcaire est moins ancien que le nôtre, où nous n'avons pas trouvé d'ossements de mastodontes.

Eléphant fossile ou mammouth. — Deux espèces bien distinctes, surtout par les lames des molaires : dans l'une de ces espèces, les lames transverses sont minces et nombreuses ; dans l'autre, elles le sont beaucoup moins. Outre plusieurs portions du squelette, on a déterré plusieurs portions de défense et deux défenses entières, dont une énorme, qui gisait dans le sable volcanique de Malbatut, près Issoire.

Rhinocéros. — Au moins deux espèces, dont l'une avait la taille des plus grands rhinocéros vivants, et qui était à proportion plus élancée, tandis que l'autre se rapprochait de la grande race de Sumatra.

Hippopotame. — Nous en avons parlé dans nos *Recherches sur les ossements fossiles du Puy-de-Dôme* ; mais depuis 1828 nous avons déterré beaucoup d'ossements de ce genre. Un terrain meuble de Saint-Yvoine nous en a fourni en abondance d'un très-grand nombre d'individus, de tout âge et de diverses dimensions. D'après les règles de l'anatomie comparée, les uns avaient quatorze pieds de longueur, du bout du museau à la naissance de la queue, et d'autres avaient au moins dix-huit pieds. Notre hippopotame fossile diffère du vivant, surtout en ce qu'il est plus fort et plus trapu ; il se rapproche de l'hippopotame du val d'Arno, dont les dépouilles ont été déposées au musée de Florence, où je les ai observées l'année dernière. J'ai remarqué, néanmoins, que ces deux hippopotames fossiles diffèrent par plusieurs caractères que je ne puis signaler en ce moment.

Cheval. — Deux espèces, l'une provenant du terrain meuble de la Combette, près Champeix, et de la taille de nos grands chevaux ; l'autre, plus petite, découverte avec des os d'éléphant dans les alluvions volcaniques.

Tapir. — Une espèce, différente des tapirs vivants, et un peu plus grande que le tapir fossile de la Haute-Loire.

Cochon. — Deux espèces, dont l'une avait les dimensions d'un fort sanglier, et l'autre se rapprochait du porc de Siam par la taille et la brièveté du museau.

Carnassiers.

Genre chat (felis). — Neuf espèces bien distinctes, en y comprenant les deux espèces du sous-genre mégantéréon ou sténodonte. La plus forte surpasse la taille de nos plus grands lions ; les autres sont intermédiaires, depuis le tigre jusqu'au lynx. Une de celles-ci est élancée comme le guépard, une autre trapue comme le congouard d'Amérique. Enfin, il en est une qui n'est guère plus forte que le chat sauvage ; mais elle vient des cavernes du midi de la France. Cuvier n'a connu et décrit que deux espèces de ce genre.

Ours (ursus). — Deux espèces, dont la plus petite égalait à peine la taille de l'ours brun, tandis que l'autre atteignait celle du grand ours des cavernes. M. de Blainville a prétendu que les grands ours des cavernes sont de la même espèce que les ours vivants. Cuvier avait prouvé le contraire d'après des caractères ostéologiques qui me paraissent incontestables. Quant à notre petit ours fossile, de Blainville lui-même a pensé, comme nous, qu'il constitue une espèce perdue.

Hyène. — Quatre espèces, caractérisées par le système dentaire, la taille et d'autres différences spécifiques. Deux de ces espèces sont du Velay, et les deux autres de l'Auvergne. Le ravin des Etouaires et d'autres gisements nous ont fourni en grande quantité, de ce genre et d'autres carnassiers, ce que les Anglais nomment *fœces*, *album vetus* ou *græcum*, et ce que nous nommons sans détour *excréments fossiles*. Ces objets sont d'autant plus intéressants pour le naturaliste, qu'ils prouvent que nos carnivores, comme les herbivores dont ils faisaient leur proie, ont vécu dans les lieux mêmes où ils ont laissé leurs ossements.

Genre chien. — Trois espèces, dont l'une était plus forte que le grand chien dogue d'Angleterre; l'autre, trouvée dans les alluvions volcaniques de Neschers, avait la taille du loup du Bengale, et la troisième était analogue au renard jaune du Canada.

Genre civette et marte. — Plusieurs os signalent un certain nombre d'espèces, au moins quatre, de ces deux genres.

Loutre. — Une espèce, plus grande que la commune et que l'espèce fossile des terrains tertiaires de Saint-Gérant, un peu moins que celle du Brésil, et de la taille de celle de la Guiane.

Ruminants.

Genre cerf. — Au moins vingt espèces, dont quinze de l'Auvergne, et cinq du Velay. Celles-ci sont toutes diffé-

rentes de celles de la Limagne. Outre que les deux bassins
sont séparés par de hautes montagnes primordiales, qui
devaient être escarpées, les deux courants d'eau que nous
nommons aujourd'hui la Loire et l'Allier, et qui cernent ces
montagnes à l'orient et à l'occident, étaient à cette époque
plus considérables qu'aujourd'hui, si nous en jugeons par
leurs vastes dépôts, dont les plus anciens datent de ces
temps géologiques. La communication entre les quadrupèdes de ces deux bassins était donc bien difficile, pour ne
pas dire impossible ; et cependant nous indiquons ici les
uns et les autres, parce que nous avions réuni leurs dépouilles dans notre collection. Notre plus grande espèce de
cerf surpasse la taille de l'élan, avec lequel d'ailleurs les
bois n'ont pas de ressemblance, tandis que la plus petite
n'est guère au-dessus de celle du chevreuil. Plusieurs de
ces espèces fossiles ont quelque analogie avec celles qui vivent dans l'Orient, par la forme de leur bois, par les molaires et d'autres parties des squelettes ; mais il n'y en a
pas une dont on puisse affirmer l'identité avec une espèce
vivante ; elles s'en distinguent au contraire par des caractères très-prononcés. Comme nous avons recueilli ou observé plus de mille échantillons fossiles du seul genre cerf,
il nous a été possible de distinguer ces nombreuses espèces,
par les bois, les mâchoires, la taille et beaucoup d'autres
caractères spécifiques. Les principaux gisements qui nous
ont fourni tant d'os de cerf sont : dans le Velay, les environs de Polignac, de Solillac, du Regard et de Saint-Privat,
à une assez grande distance et à l'ouest du Puy ; en Auvergne, nous avons fait ample moisson de ce genre dans les
alluvions volcaniques du ravin des Etouaires, d'Ardé, de
Malbatut, de Neschers, etc.; et dans les terrains meubles de
Saint-Yvoine, de Sauvagnat, de Coudes, de Champeix, de
Gergovia, etc. M. Auguste Aymard et M. Félix Robert, avec

qui j'ai fait des recherches dans les environs du Puy, ont formé de précieuses collections. M. Robert, qui a publié une Notice sur les cerfs fossiles de la Haute-Loire, voulut bien venir me voir à Neschers avant cette publication. Je lui conseillai de donner à ses cerfs les noms des localités où ils ont laissé leurs dépouilles, et où gisaient même des squelettes entiers de très-grands individus. C'est aussi ce que j'ai fait pour les cerfs d'Auvergne. L'indication des lieux est d'autant plus importante pour la science, que les terrains de la même époque géologique ne sont pas précisément du même âge ou du même étage, et n'offrent pas toujours les mêmes conditions d'existence. La preuve que cette observation n'est pas sans fondement, c'est que plusieurs de nos gisements nous ont fourni les restes d'espèces qui diffèrent de celles d'autres localités. Ainsi nos espèces des alluvions anciennes et volcaniques ne sont pas les mêmes que celles des terrains meubles. D'ailleurs, les nombreux individus des espèces qui vivaient en même temps dans une contrée, ne pouvaient pas se trouver dans les mêmes lieux. Les uns, et ils étaient plus trapus, habitaient les vallées; les autres, qui étaient plus élancés, se plaisaient au milieu des bois, sur les collines et les montagnes, comme nous le voyons encore aujourd'hui. Chacune de ces espèces avait à sa poursuite au moins un carnassier qui lui faisait la guerre; et c'est ainsi, comme nous le voyons encore, que se maintenait l'équilibre général. Nous avons en outre divisé les cerfs fossiles de notre département en deux sections, et nous avons donné à l'une le nom de *Catoglokis*, à l'autre, celui d'*Anoglokis*, suivant que le maître andouiller des bois est placé près de la couronne ou qu'il en est éloigné.

Genre antilope. — Deux espèces, dont l'une d'une taille beaucoup plus grande que l'autre.

Genre bœuf. — Quatre espèces, dont deux de nos terrains

meubles et deux de nos alluvions anciennes ; une des deux premières est d'une énorme grosseur et trapue, l'autre est beaucoup plus petite. Il en est une de nos alluvions qui est élancée plus encore que l'auroch ; l'autre l'est moins et se rapproche du bison. Ces espèces sont différentes de celle du bassin du Puy et de celle de Sibérie, découverte par Pallas.

Rongeurs.

Genre castor. — Une espèce, plus forte que le castor vivant, et différente du *trogontherium* décrit par Cuvier.

Genre porc-épic. — Une espèce, aussi plus forte que le grand porc-épic vivant, et dont la première molaire présente sept îles d'émail, tandis que celle du vivant n'en offre que cinq.

Genre lièvre. — Trois espèces, qui se rapprochent, pour la taille, de nos lièvres, de nos lapins et des lagomys.

Genre campagnol. — Deux espèces, l'une un peu moins forte que le rat d'eau, et l'autre plus petite. Ces quatre genres viennent de nos alluvions anciennes, les deux suivants de nos terrains meubles, et leurs espèces diffèrent des vivantes.

Genre rat. — Deux espèces, dont l'une plus forte que l'autre.

Genre spermophile. — Une espèce à peu près de la force de la marmotte, mais présentant aussi des caractères qui la distinguent des espèces vivantes. Ce singulier rongeur, qui n'avait pas encore été trouvé à l'état fossile, et dont j'ai découvert le squelette presque entier dans un terrain meuble argileux des environs de Champeix, avec des ossements d'éléphant, de rhinocéros, de cerf, etc., vivait sur nos montagnes comme ses congénères qui existent aujourd'hui dans le nord des deux continents.

Les mollusques, les reptiles, les poissons, les oiseaux de cette époque se rapprochent beaucoup de ceux qui vivent encore.

Quant au règne végétal, vous comprenez, Messieurs, qu'il le fallait extrêmemement riche pour nourrir tant de mammifères herbivores, dont plusieurs avaient de grandes dimensions. A la base des alluvions volcaniques de Périer, dans les environs de Parentignat, et dans bien d'autres localités, nous avons observé un grand nombre de plantes herbacées, des graminées, des joncées, des cypéracées, etc. ; tandis qu'à la Bourboule et ailleurs se trouvent des empreintes de feuilles provenant de plantes arborescentes des genres chêne, érable, saule, etc. Sans doute, d'après l'état actuel de la science, il ne nous est pas possible d'affirmer que toutes ces plantes fossiles appartiennent aux espèces qui vivent encore dans notre contrée, quoiqu'elles s'en rapprochent beaucoup plus que celles de nos terrains tertiaires ; mais, suivant l'analogie qui devait se trouver entre le règne végétal et le règne animal, il nous semblerait que cette végétation devait se rapprocher de celle de l'Afrique et des bords de la Méditerranée, où se trouvent en grand nombre les végétaux du midi et du centre de la France.

Revenons, pour la dernière fois, à la coupe géologique de Neschers. Il est évident que les puissantes couches de cailloux roulés, de tuf ponceux et de sables volcaniques où j'ai trouvé des ossements d'éléphant, de rhinocéros, de ruminants, de carnassiers et de rongeurs, indiquent le lit d'un ancien courant d'eau qui venait du Mont-Dore. Il n'est pas moins évident qu'alors le vallon de Neschers n'existait pas, et qu'à sa place se trouvait une montagne plus ou moins élevée, qui maintenait le courant dans son ancien lit. Ce lit, qui est aujourd'hui une sorte de montagne, était donc une vallée, suivant une idée très-juste de notre ancien pré-

sident, **M.** le comte de Montlosier. La vallée de Neschers fut
donc creusée par les eaux d'une ancienne Couze (le mot
celtique *Couze* signifie torrent), qui emportèrent les marnes,
les argiles et les grès attenant avec ces argiles. Puis le cra-
tère de Tartaret, près Murol, vomit ses laves dites modernes,
qui suivirent le torrent de l'eau jusqu'à Neschers, c'est-à-
dire dans un espace de plus de vingt kilomètres. La Couze
actuelle a déposé sur ses bords des alluvions modernes, des
graviers et des sables qui, tout près du presbytère, s'élèvent
à trois ou quatre mètres au-dessus du niveau de cette petite
rivière. Ces alluvions sont encore remplies d'ossements;
mais ces ossements signalent, pour la plupart, les genres et
les espèces qui vivent encore en Auvergne. Ce sont des os
de reptiles, de poissons, de mammifères des genres sanglier, cerf; de carnassiers, de rongeurs, d'oiseaux, etc.
Nous avons recueilli les mêmes ossements dans un travertin
des environs de Coudes. Il s'y trouve aussi des mollusques
encore vivants dans ces lieux, l'*helix nemoralis*, *lapicida*, etc.
Comme je poursuivis mes investigations jusque sous la
coulée de laves, je crus d'abord, et M. Lyell, célèbre géologiste anglais, qui se trouvait alors chez moi, crut aussi que
nous étions arrivés au lit de la rivière sur lequel les laves
s'étaient déposées, et qu'alors nos volcans modernes appar-
tenaient à l'époque actuelle; mais, ayant continué mes recherches, je me suis presque assuré que ces alluvions avaient
seulement pénétré plus tard sous la coulée, où se trouvaient
de petites cavernes. Je dois cependant reconnaître que cette
importante question n'est pas encore parfaitement résolue,
et que, si ces alluvions ne sont pas antérieures à la coulée,
elles ne lui sont pas de beaucoup postérieures. Du reste,
elles offrent un véritable intérêt, non pas en ce que plusieurs
des animaux qui y ont laissé leurs dépouilles vivent encore
dans notre contrée, mais en ce que quelques-uns de ces

animaux, le glouton , par exemple , des campagnols et surtout des rennes, ont vécu en grand nombre dans les localités
voisines. J'ai découvert dans ce gisement, avec bon nombre
de mâchoires et d'os des membres , plus de cinquante bois
ou fragments de bois de renne. Il est tout naturel de de-
mander comment il peut se faire que dans la même contrée
aient vécu des éléphants, des rhinocéros , des tigres, des
hyènes, dont les analogues existent dans des régions d'une
température élevée , ainsi que des gloutons et des rennes, qui
n'existent que dans les froides régions du Nord. A l'époque qui
a immédiatement précédé celle où nous vivons, des rhinocéros, des éléphants ont vécu dans le Nord, où ils ont été subite-
ment saisis par les glaces, et conservés presque entiers jusqu'à nos jours. Ces éléphants , outre le poil ordinaire , ont
montré une espèce de duvet qui les protégeait contre le
froid, probablement moins intense de leur vivant qu'aujour-
d'hui. A cette époque aussi, quelques animaux du Nord ,
témoin le spermophile , ont vécu sur nos montagnes; mais
nous n'avons jamais vu , dans nos alluvions anciennes , où
abondent les débris d'éléphants , de grands chats , d'hyènes
et de cerfs analogues à ceux des pays chauds , les moindres
traces de glouton et de renne , qui ne sont que de notre
époque , et qui vivaient ici avec les espèces encore existantes, quoiqu'on en ait rencontré quelques restes dans des
cavernes et dans des terrains meubles qui ne sont pas très-
anciens. On a observé aussi des ossements humains dans
quelques cavernes ; mais ces ossements ne sont pas véritablement fossiles , et ils sont évidemment postérieurs à ceux
des espèces perdues qu'on y a aussi recueillis. C'est donc vers
la fin de nos immenses produits volcaniques qu'une grande
révolution eut lieu sur le globe, que la température baissa,
que les glaciers s'étendirent du haut des montagnes vers la
plaine , que les blocs erratiques furent portés au loin par

les glaciers ou par les eaux, que les éléphants furent saisis
par les glaces, que la zoologie actuelle remplaça celle de
l'âge des éléphants fossiles, comme cette dernière avait remplacé celle de l'âge des paléothériums.

Voilà comment nos découvertes confirment plusieurs observations de Cuvier, et répandent quelques lumières sur
des points importants de la théorie du globe. Ce n'est pas
seulement dans notre département et dans les départements
voisins que les choses se sont ainsi passées, c'est encore
dans toutes les régions où l'on a fait des découvertes paléontologiques. Ainsi MM. Constant Prévôt et Desnoyers ont découvert, dans des fissures aux environs de Paris, des bois
de renne et d'autres ossements semblables à ceux des alluvions modernes de Neschers. Mais ce qui est bien remarquable sans doute, c'est que l'espèce humaine ne tarda
pas à se répandre dans nos contrées; car j'ai trouvé dans ce
gîte des bois de renne et d'autres os qui portent évidemment
les traces de la main de l'homme.

M. de Natale attribue au déluge décrit par Moïse une
faible formation marine de la Sicile. Quant à nous, nous
persistons dans notre première idée, et nous répétons ce
que nous avons avancé en 1828, que nous ne connaissons pas en Auvergne de terrain marin. Du reste, l'immense
cataclysme dont il est question dans la Genèse ne fut que
de courte durée. Or, les eaux ne purent s'élever sur les montagnes que successivement. « Elles allaient et venaient, dit
l'historien sacré : *aquæ euntes et redeuntes.* » Ce mouvement
continuel et violent, ainsi qu'un séjour de quelques mois,
ne pouvait pas permettre la formation d'un dépôt régulier
dans nos contrées montagneuses. Ce puissant cataclysme
pouvait renverser des montagnes et en porter au loin les
débris, creuser ou élargir des vallées, porter des galets et
des coquilles marines sur notre sol, etc., etc.; et voilà ce que

l'on peut observer en Auvergne et dans d'autres contrées voisines.

MM. Bouillet et Devèse avaient annoncé, dans leur *Essai géologique*, qu'ils avaient rencontré, sur quelques points de l'arrondissement d'Issoire, des fragments de calcaire jurassique. M. Bravard avait découvert une vénéricarde dans un caillou roulé. Nous cherchâmes à expliquer ces découvertes par le redressement des Alpes, dont quelques matériaux auraient pu être entraînés jusqu'en Auvergne avant que la Saône et le Rhône eussent creusé leur lit. Cette explication pourrait paraître satisfaisante pour les coquilles marines qui se trouveraient dans nos bancs lacustres ou dans nos alluvions anciennes, puisque ce redressement aurait eu lieu à l'époque tertiaire ; mais depuis lors, c'est-à-dire depuis vingt-quatre ans, M. Bravard a trouvé d'autres coquilles marines ; on m'en a porté aussi plusieurs, dont un oursin, qui était adossé au basalte de Saint-Romain ; une autre coquille pétrifiée, du genre des ammonites, trouvée sur un plateau également basaltique, près de Chazoux ; deux griffées recueillies sur une montagne aux environs de Sauvagnat, et une coquille bivalve venue de Cournol. De plus, j'ai observé moi-même beaucoup de cailloux roulés de quartz et d'autres roches anciennes sur la surface de plusieurs plateaux, et en particulier aux environs de Montaigut, près de Champeix. M. Lecoq nous a montré, de son côté, un spatangue découvert à peu de distance de Clermont. Or, il me semble bien difficile, pour ne pas dire impossible, de concevoir sur nos plateaux élevés la présence de coquilles marines, et surtout de tant de cailloux roulés, autrement que par une très-grande inondation postérieure aux époques géologiques.

Quelques autres considérations générales et conclusion.

Si maintenant nous remontons, par la pensée, toutes nos diverses époques, nous verrons que la zoologie actuelle est bien différente de celle qui l'a précédée, en sorte que, dans nos alluvions anciennes et les anciens terrains meubles, on ne rencontre pas les espèces qui vivent aujourd'hui. J'ai été assez heureux pour étudier en très-grande quantité, dans les musées du midi de la France, de Naples, de Rome, surtout de Florence, de Genève, de Paris et de Londres, les ossements fossiles qui signalent les très-nombreuses espèces de l'époque qui a précédé celle de nos temps historiques. Il m'a été possible d'examiner avec attention les os des brèches osseuses de la Méditerranée, des cavernes de France, d'Allemagne, d'Angleterre, et de les comparer avec ceux qu'avait décrits Cuvier et ceux que nous avions recueillis nous-même. Or, il résulte de ces comparaisons et des notes que j'ai rédigées : 1° qu'à l'époque qui a immédiatement précédé celle de l'homme, il y avait eu, comme aujourd'hui, plusieurs centres de création, dont chacun avait ses espèces et des conditions d'existence qui leur étaient propres ; 2° qu'à cette époque, qui fut de longue durée, avaient vécu des animaux plus anciens que d'autres : ainsi, les espèces qui ont laissé leurs dépouilles dans quelques brèches, dans certaines cavernes et dans quelques terrains meubles, comme celui de la Combette, près Champeix, qui m'a fourni des mollusques encore vivants, le squelette de spermophile, des restes de cerf, de cheval, même de rhinocéros et d'éléphant, se rapprochent davantage des espèces qui existent encore, et sont un peu moins anciennes que les mastodontes, les dinothériums, les sténodontes et bien d'autres dont les alluvions les plus anciennes recèlent les débris;

3° que toutes les espèces de mammifères de l'âge des mastodontes sont entièrement perdues, et qu'il en est de même de la plupart des autres, à l'exception de celles dont les restes se trouvent dans nos terrains modernes.

Voici de nouveaux faits qui confirment encore ce que nous avançons. Il y a un certain nombre d'années, M. le docteur Leclerc, médecin en chef de l'hospice de Tours, avait recueilli en Amérique, sur les bords d'une rivière du Texas, et à une grande profondeur au-dessous du sol, un assez grand nombre d'ossements fossiles. Au lieu de se rendre à Paris, il vint avec sa collection de Tours à Neschers. La visite de l'intéressant docteur, accompagné des restes fossiles du Texas, fut pour moi une bonne fortune et me procura une vive satisfaction. Aussitôt que les ossements furent étalés sur une grande table, je reconnus plusieurs mammifères analogues, non pour les espèces, mais pour les genres, à plusieurs de ceux que nous avions découverts ou que nous avions vus dans plusieurs cabinets de l'Europe. Je remarquai des ruminants des genres cerf et antilope, des carnassiers, des pachydermes, dont l'un tient le milieu entre l'éléphant et le mastodonte : c'est le *mastodonte éléphantoïde*, dont on a également trouvé des molaires dans les Indes-Orientales. D'où je conclus qu'à cette époque il devait se trouver des conditions d'existence analogues dans l'un et l'autre continent. Au reste, nous avons observé, principalement au musée britannique, bien d'autres espèces de l'Amérique tant méridionale que septentrionale, et nous pouvons affirmer que ces espèces n'existent pas plus aujourd'hui dans ce continent que dans l'ancien (nous parlons de celles qui sont véritablement fossiles). Elles ont donc été entièrement détruites. Ainsi, la zoologie actuelle est réellement différente de celle dont les mastodontes et les éléphants fossiles faisaient partie.

En remontant plus haut, nous rencontrons encore une zoologie qui diffère essentiellement et de celle de notre époque et de celle de l'époque des éléphants fossiles et des mastodontes : c'est celle de l'âge des paléothériums, qui a laissé ses dépouilles dans les terrains tertiaires. Dans cette zoologie presque inconnue jusqu'à Cuvier, non-seulement toutes les espèces, mais encore la plupart des genres sont différents de ceux des deux autres. Les formes de vie alors, surtout celles des mammifères, étaient si éloignées de celles qui existent maintenant et qui existaient avec les éléphants fossiles, que quelques-unes de celles qui semblent se rapprocher le plus de ces dernières s'en distinguent même par des caractères génériques. Parmi un grand nombre d'exemples que nous pourrions citer, nous nous arrêtons aux suivants. La loutre vit encore dans nos contrées. Nos alluvions anciennes nous ont offert les ossements d'une autre loutre qui diffère spécifiquement de la vivante ; nous avons aussi découvert, dans le calcaire à friganes de Saint-Gérant-le-Puy, les restes d'un carnassier qui se rapproche également de la loutre ; mais, en examinant attentivement les débris de Saint-Gérant, nous avons facilement constaté des caractères génériques ; et M. Geoffroy-Saint-Hilaire a donné, avec raison, à ce carnassier le nom d'un genre nouveau, celui de *Potamotherium* (animal fluviatile). Il en est de même de nos carnassiers insectivores voisins des hérissons, des taupes, etc. Le même gîte de Saint-Gérant nous a fourni aussi les restes d'un rongeur qui tient le milieu entre le castor et l'ondatra, ou rat musqué du Canada ; l'étroitesse de la région interorbitaire lui a fait donner, aussi avec raison, par le même savant, une dénomination générique, celle de *steneofiber*. J'ai rencontré des débris de ce genre dans le terrain tertiaire du puy de Barneyre, près Saint-Sandoux, à deux cents mètres environ au-dessus du calcaire marneux de Neschers , et ces débris confirment encore ce que nous avançons ici. Les montagnes de Barneyre , de Corent et de Saint-Romain sont couronnées de basalte et nous présentent les mêmes formations d'eau douce , des marnes , des calcaires , le gypse , des ossements de mammifères , des empreintes végétales, des potamides et autres mollusques, des insectes, des poissons , ainsi que nous l'avons annoncé. Ces formations, qui offrent , près du basalte qui les protège, du calcaire concrétionné , se rapportent , du moins en partie, à l'étage supérieur de nos terrains tertiaires. Il en est de même du calcaire également concrétionné de Saint-Gérant, calcaire à induses, à hélices, à cypris, à paludines, et où l'on observe également des détritus végétaux. Le terrain du département de l'Allier est donc , quoique de la même époque géologique, un peu moins ancien que le calcaire marneux de notre coupe géologique. Cependant les mammifères dont il a fourni les dépouilles, indiquent de nombreux genres qui ont été détruits, de sorte que les genres de cette troisième zoologie ne sont pas arrivés à la zoologie des éléphants fossiles, pas plus que les espèces de celle-ci ne sont arrivées à la zoologie actuelle. Cette observation s'applique également aux zoologies des bassins de Paris, de la Haute-Loire, de Sansan et de bien d'autres contrées. Le calcaire de Sansan est un peu moins ancien que le nôtre et que les plâtrières de la Seine ; et cependant M. Lartet a donné , avec vérité, des noms génériques à ses mammifères fossiles. Nous avons examiné avec attention un grand nombre des ossements qu'il a découverts , et nous ne doutons pas que, s'ils diffèrent spécifiquement de ceux des plâtrières, de ceux des autres bassins, et en particulier de ceux des bassins lacustres de l'Auvergne et du Velay, ils se rapprochent en général pour les genres.

Quant aux oiseaux fossiles des terrains tertiaires, aux reptiles , aux poissons, aux insectes et enfin aux plantes, quoique nous ne puissions, dans l'état actuel de la science, affirmer positivement qu'ils constituent tous des genres éteints, il est incontestable que plus nous découvrons sous ces divers rapports, plus nous observons de caractères distinctifs entre les formes de vie de cette époque et celles des deux époques qui l'ont suivie. Notre crocodile, par exemple, est voisin, au premier aperçu, du crocodile sacré de l'Egypte ; mais, lorsqu'on examine attentivement les os du crâne, on remarque de notables différences, indépendamment des autres caractères ostéologiques. Nos lézards également semblent se rapprocher de certains lézards qui vivent en Afrique ; mais ici encore les différences sont grandes. Nous en avons découvert qui avaient des écailles osseuses. Il en est de même de plusieurs autres genres.

Remontons encore plus haut, et nous trouverons, dans les terrains secondaires, les immenses débris d'au moins une autre zoologie bien différente des trois zoologies que nous venons de signaler. Un fait incontestable, c'est que la vie a commencé sur notre globe, et que, devant ce fait, s'évanouissent les illusions de ceux qui admettraient une succession infinie d'êtres organisés. Les premières formes de vie ont laissé leurs dépouilles dans les anciens terrains que nous désignons tout simplement sous la dénomination de terrains trilobitiens et carbonifères. Les fossiles que récèlent ces terrains sont des végétaux terrestres monocotylédons, des trilobites, genre de crustacés fort remarquable ; des productes, des modioles, des encrines, des térébratules. On observe ces fossiles dans le grès rouge ancien ; quelques-uns se montrent aussi dans les formations muriatifères et jurassiques ou oolithiques, mais, dans ces dernières formations, paraissent en très-grand nombre des mollusques qui n'existaient pas à l'époque des trilobites. On y voit aussi des poissons, de grands reptiles, parmi lesquels le *plesiosaurus*.

le *mégalosaurus*, etc. ; puis des crocodiles, des tortues, des
oiseaux. La flore même diffère de celle des terrains houil-
lers et nous offre des conifères , des liliacées , etc. Enfin, les
terrains crétacés , qui terminent les formations secondaires
et les séparent des terrains tertiaires , présentent une foule
de fossiles marins qui ne se trouvent jamais dans ces derniers, et dont plusieurs n'existaient pas non plus à l'époque
des formations précédentes. On a découvert , dans la craie
blanche , de grands reptiles, qu'on a désignés sous le nom
de *mososaurus* , qui étaient inconnus jusqu'alors. A cette
époque, et même avant la formation de la craie, les trilobites et plusieurs autres formes de vie étaient perdus. D'où
il résulte que la zoologie des terrains secondaires pourrait
encore se subdiviser, quoique plusieurs fossiles plus anciens
se trouvent encore dans cette grande formation de la craie.
Mais, jusque-là, point de mammifères , point de quadrupèdes vivipares ; ils n'ont été produits qu'à l'époque des terrains tertiaires, puisque les géologistes n'attachent pas d'importance à la prétendue découverte d'un didelphe, découverte faite, disait-on, dans l'oolithe de Stonesfield , qui , du
reste, ne serait qu'une exception à la règle générale.

Notre célèbre Cuvier, après avoir établi , dans le magni-
fique discours qui précède ses *Recherches*, que l'homme est
récent sur la terre, et que les histoires des plus anciens peu-
ples ne sont que des fables en ce qui ne s'accorde pas avec
le récit de Moïse , nous montre que ce très-ancien historien
a tracé à grands traits les formations géologiques et paléontologiques qui ont paru successivement sur le globe. En
effet , nous voyons, dans le premier chapitre de la Genèse ,
que la terre reçoit d'abord l'ordre de produire des plantes :
Germinet terra herbam virentem, et facientem semen ; et la
mer, celui de produire tout ce qui devait se mouvoir dans
son sein , et même les oiseaux , dont les plus anciens sont

bien réellement aquatiques ; mais les mammifères n'existaient pas encore. C'est après que Dieu commanda à la terre de les produire : *Producat terra animam viventem in genere suo , jumenta , et reptilia , et bestias terræ secundùm species suas.* L'homme , avec ses admirables facultés intellectuelles et morales, n'est sorti des mains du Créateur que lorsque la terre a été propre à le recevoir. Voilà ce que dit Moïse , et voilà précisément ce que nous apprennent toutes les découvertes modernes.

Plusieurs savants conchyliologistes , au nombre desquels se trouvent nos collègues de la Société géologique de France, MM. Alcide d'Orbigny, Deshayes et d'Archiac , ont décrit principalement les fossiles marins des terrains dits cambriens et siluriens, de tous les terrains secondaires et même tertiaires. Ce dernier , dans son beau travail sur les fossiles de la formation nummulitique de l'Inde, établit que les nummulites ont laissé une immense quantité de débris dans une grande partie de l'Asie , de l'Europe et du nord de l'Afrique. Un résultat fort remarquable de ce travail, c'est l'analogie des nummulites de l'Europe avec les mêmes fossiles des bords de l'Indus. D'où il est permis de conclure qu'à cette époque reculée, le sein des mers présentait à peu près les mêmes conditions d'existence.

Le résultat général des faits et des observations qui précèdent est que les premières formes de vie qui ont paru sur le globe ont été détruites et remplacées par d'autres; que celles-ci ont éprouvé le même sort, et ainsi de suite, jusqu'à la faune et à la flore actuelles.

Voilà , Messieurs , quelques-unes des considérations que nous avons soumises depuis longtemps aux lumières d'un grand nombre de naturalistes dans notre presbytère , *vraie masure de village* , suivant l'expression de Geoffroy-Saint-Hilaire, au congrès de Lyon, en 1841, à Paris, à Londres, à

Rome même, où Sa Sainteté Pie IX a daigné me faire parler assez longtemps sur ce sujet. En 1833, M. Geoffroy-Saint-Hilaire vint à Neschers avec deux autres savants. Nous nous entretînmes longtemps de paléontologie, de la succession et de la destruction d'un très-grand nombre de formes de vie, etc., etc. Je m'attendais à des objections sérieuses contre ma manière de voir. J'étais dans l'erreur. Non-seulement cet illustre naturaliste l'approuva de vive voix et par plusieurs lettres qu'il voulut bien m'adresser, mais encore la même année il lut à l'Académie des sciences, dont il était président, un mémoire qui a été publié sous le titre de *Paléontographie*, où il dit, après avoir exprimé cette manière de voir : *Telle est la pensée avec laquelle je sympathise entièrement, la pensée d'un prêtre de l'Auvergne*......... Ici je supprime les éloges qui ont été dictés par l'excellent cœur de M. Geoffroy, et non par sa haute raison. Jusque-là, point de dissentiment ; mais il n'en est pas de même relativement à une question subséquente, qui est bien digne d'occuper les esprits les plus élevés. La voici. La zoologie actuelle, pour nous en tenir au règne animal, vient-elle de la zoologie précédente, et ainsi de suite? Ou bien faut-il admettre des migrations, de telle sorte que, les animaux d'une région étant détruits, ceux d'une autre région venaient prendre leur place? Ou enfin, faut-il admettre non-seulement plusieurs centres de création, mais encore plusieurs créations successives ?

La première supposition est tout à fait inadmissible à nos yeux. Comment, par exemple, faire venir les quadrupèdes de l'époque tertiaire et des époques suivantes, des trilobites, des mollusques, des poissons, des reptiles, qui vivaient pendant les formations précédentes, où ces quadrupèdes n'existaient pas plus que les autres formes de vie des temps moins reculés? M. Geoffroy-Saint-Hilaire, sans admettre

l'absurde et ignoble système de Démaillet, renouvelé, quoique d'une manière plus digne, dans la physique de Rœdig
et dans l'hydrographie de Lamark ; M. Geoffroy, disons-
nous, pense que la zoologie actuelle procède de la zoologie
antédiluvienne. « Je me flatte, dit-il, d'arriver à la démons-
» tration que les deux zoologies se suivent sans lacune ni
» interruption, comme engendrées l'une de l'autre, et à
» la suite de modifications survenues sous l'action du
» temps, etc. »

Pour atteindre le but qu'il s'est proposé, notre savant
zoologiste a recours à un moyen très-simple. Il pense que
l'absorption de l'oxygène de l'air par tous les corps organisés qui ont existé et existent sur le globe, a laissé les autres
composants de l'atmosphère à une augmentation propor-
tionnelle. « C'est par cette cause, dit M. Geoffroy, qu'au-
» raient été produits, avec leurs caractères de différences,
» les milieux ambiants qui successivement doivent satis-
» faction à la géologie, et soumettre les formes animales à
» une mutation correspondante. »

Cette hypothèse, quelque simple et ingénieuse qu'elle
paraisse, ne nous semble pas satisfaire aux exigences de la
paléontologie dans son état actuel. La diminution graduelle
de l'oxygène de l'air ne produirait que de graduelles muta-
tions dans les formes de vie, et non le passage tranché des
mollusques aux mammifères de la première ou des premières zoologies à celle des paléothériums, et de celle-ci à
celle des éléphants fossiles, qui a immédiatement précédé
celle de notre époque. La théorie de M. Geoffroy est incom-
plète en ce qu'elle n'admet que deux zoologies et en ce
qu'elle ne rend pas raison de toutes les formes de vie qui
ont paru sur la terre. Notre auteur semble l'avoir compris
lui-même, puisqu'il ajoute à son système *une cause vrai-
ment providentielle, qui amène à point, à jour nommé, soit
des extinctions, soit des créations parmi les corps organisés.*

Sans doute, si la théorie sans l'addition ne suffit pas pour résoudre la difficulté, nous reconnaissons que l'addition, c'est-à-dire *la cause providentielle*, suffit parfaitement pour expliquer les extinctions et les créations, ou plutôt les formations parmi les corps organisés ; mais il est permis à celui qui s'occupe d'histoire naturelle de chercher par quels agents la Providence a produit ces extinctions et ces formations nouvelles. Or, nous pensons, tout en admettant la diminution de l'oxygène, que le plus puissant de ces agents est le fluide électro-magnétique, intimement lié à la lumière et au calorique. Cet agent, qui joue un rôle immense dans la nature, ne saurait être étranger aux soulèvements, aux affaissements, aux inondations, aux tremblements de terre, en un mot, aux révolutions de notre planète, et, par suite, aux changements des formes vitales qui ont paru à sa surface. Au reste, comme nous sommes bien loin de vouloir bâtir ici un système géologique et paléontologique, nous nous hâtons d'arriver à la seconde hypothèse, celle des émigrations.

Georges Cuvier, qui a tant fait pour la paléontologie, admet, avec tous les naturalistes, des variétés, des hybrides, des mulets, qui, pour le plus grand nombre, sont, pour la zoologie actuelle, le résultat de l'influence de l'homme et de la domesticité ; mais il établit d'une manière victorieuse, suivant nous, la fixité des espèces et des genres, surtout à l'état sauvage. Ensuite il adopte la destruction des formes de vie à certaines époques, et leur remplacement par d'autres venant de contrées lointaines. « Lorsque je soutiens, » dit-il, dans son discours préliminaire, que les bancs » pierreux contiennent les os de plusieurs genres, et les » couches meubles ceux de plusieurs espèces qui n'existent » plus, je ne prétends pas qu'il ait fallu une création nou- » velle pour produire les espèces aujourd'hui existantes; je dis

» seulement qu'elles n'existaient pas dans les mêmes lieux,
» et qu'elles ont dû y venir d'ailleurs. » Notre grand naturaliste adopte donc formellement la théorie des émigrations
pour expliquer les changemens des formes animales pendant nos longues périodes géologiques. Or, cette hypothèse,
qui depuis longtemps nous a paru peu fondée, l'est moins
encore depuis toutes les découvertes modernes. En effet, si
on rejette les productions successives, si l'on fait venir d'ailleurs les genres et les espèces qui ont remplacé ceux qui ont
été détruits, il faut nécessairement admettre que tous les
genres et toutes les espèces ont été créés dès l'origine du
règne animal; toutes les espèces qui vivent avec l'homme,
auraient donc existé à l'époque des éléphants fossiles, mais
dans des lieux plus ou moins éloignés, d'où elles seraient
venues les remplacer. Or, malgré les recherches et les très-
nombreuses découvertes faites dans les diverses parties du
globe, on n'a jamais observé dans les terrains qui recèlent
les débris des éléphants et de tous les animaux du même
âge, les moindres vestiges des animaux vivants..... Ce n'est
pas tout; les espèces de l'âge des éléphants fossiles, si elles
étaient venues d'ailleurs remplacer les genres et les espèces
de l'âge des patéothériums, dont les restes se trouvent dans
les bancs pierreux, ces espèces de l'âge des éléphants fossiles qui n'existent plus à notre époque, auraient donc vécu
à l'époque tertiaire, puisqu'elles seraient venues remplacer
ces paléothériums et leurs contemporains. Or, nos terrains
tertiaires proprement dits, ou nos bancs lacustres, ne montrent que des ossements d'animaux bien différents de ceux
des alluvions anciennes..... Ce n'est pas tout encore; il faudrait nécessairement admettre, dans cette hypothèse, une
nouvelle création ou production postérieure à celle des animaux qui vivaient pendant les formations secondaires pour
les mammifères de l'âge des paléothériums, puisque avant

les formations tertiaires les mammifères vivipares n'existaient pas..... On nous dira probablement que ces preuves sont négatives, et qu'on pourra trouver dans la suite ce qu'on n'a pas encore découvert, et ce qui peut être enfoui dans le sein des mers. Nous répondons que nos observations, sous une apparence négative, sont au contraire très-positives. Il est positif que les terrains secondaires présentent partout des formes de vie différentes de celles des terrains tertiaires, que celles des terrains tertiaires sont également très-différentes de celles des terrains plus récents.... Nous ajoutons qu'il serait bien difficile de concevoir qu'à l'époque secondaire, où la mer occupait une bien plus grande partie de la surface de la terre qu'aujourd'hui, tous les genres et toutes les espèces terrestres qui ont paru ou qui existent encore, eussent pu trouver en même temps les conditions d'existence qui leur auraient été nécessaires.... Il y a d'ailleurs un grand nombre de quadrupèdes qui n'émigrent pas : ils naissent, vivent et meurent dans la même contrée, ou à peu de distance de cette contrée ; il y a même des animaux, des reptiles, par exemple, auxquels les émigrations sont impossibles. Ainsi, nous avons découvert dans nos bancs tertiaires des tortues terrestres d'une grande dimension, et qui sont fort semblables à celles qui vivent dans l'île de France. Or, qui admettra des émigrations lointaines pour les tortues ? La théorie de Cuvier ne peut donc plus se soutenir.

C'est avec confusion, Messieurs, que je me permets de pareilles observations sur la manière de voir de deux grands hommes auxquels je dois beaucoup ; mais ces observations sont fondées sur les faits, et je les énonce, dans l'intérêt de la science, avec une profonde conviction.

Mais, dira-t-on enfin, si les nombreux genres perdus, si les innombrables espèces éteintes n'ont été remplacés ni

par la voie de la génération ni par celle des émigrations, il
faut donc admettre plusieurs créations successives. Nous
pensons, au contraire, avec Moïse, et un très-grand nombre
d'auteurs du premier mérite, que notre globe ne réclame
qu'une seule création proprement dite. Il ne faut pas confondre la création véritable avec la coordination des êtres.
« Dans les œuvres de la création nous voyons une double
» émanation de la force divine, dit le célèbre Bacon ; l'une
» se rapporte à la puissance, et l'autre à la sagesse. La pre-
» mière se fait particulièrement remarquer dans la création
» de la matière première, et la seconde dans la beauté des
» formes dont la matière fut ensuite revêtue. » Broussais
lui-même, cédant à la force de la vérité, a dit avec plus
d'énergie que d'élégance : « *Je reste avec le sentiment d'une
intelligence coordinatrice que je n'ose appeler créatrice,
quoiqu'elle doive l'être.* » Oui, sans doute, elle doit l'être,
autrement il faudrait admettre une matière éternelle, un
hasard ordonnateur, un destin conservateur. Or, qui ne voit
que ces grands mots sont vides de sens et pleins d'absur-
dités? Car une matière éternelle serait indépendante, rien
ne pourrait la modifier, et par là même le mouvement et la
vie seraient impossibles. Il faut donc une création des éléments du globe, et c'est là l'ouvrage de la Toute-Puissance.
L'homme éclairé reconnaît la nécessité de cette création, et
s'il a de la peine à s'en former une idée, c'est qu'il ne peut
pas créer lui-même un atome, et que son intelligence ne
pourra jamais embrasser toute l'étendue de la puissance
créatrice.

Les éléments une fois créés, la sagesse infinie en a fait
sortir, par les lois qui régissent les corps, lois que nous ne
connaissons encore qu'imparfaitement, toutes les formations
marines et terrestres, ainsi que toutes les formes végétales
et animales qui se sont succédé sur notre planète. Il n'a

donc pas fallu plusieurs créations, mais une création et plusieurs formations successives. *Pas un atome ne se perd*, dit Young, *et partout la vie, reproduite de la mort, circule dans ce grand tout.* L'immortel Bossuet pense que le monde a été créé en quelque sorte avant le temps, qui, comme l'ont dit aussi saint Augustin, Fénelon et bien d'autres, n'est que le mouvement et la succession des êtres ; mais, ajoute Bossuet, le monde a été *orné dans le temps*, puisque le mouvement et la succession n'ont pu avoir lieu qu'après la création des éléments. Ce profond génie nomme *progrès* les jours ou époques du développement des êtres : pensée profonde pour l'époque où il vivait. Le temps ou la succession des formes inorganiques et des formes organiques qui ont paru sur la terre, n'est rien en présence de l'Eternel. Mille ans, dit David, et nous pourrions ajouter un million de siècles, sont devant Dieu comme le jour d'hier qui est déjà passé : *mille anni ante oculos tuos tanquam dies hesterna quæ præteriit.* La sagesse divine s'est donc manifestée de mille et mille manières dans la succession des individus par voie de reproduction, ainsi que des espèces et des genres par voie de crises et de révolutions, auxquelles le fluide électro-magnétique, ou la lumière-chaleur, suivant l'expression hébraïque du premier verset de la Genèse, a dû avoir une grande part. C'est sur cet élément, c'est-à-dire sur le feu central du globe, que le célèbre Cordier, qui a fait tant d'intéressantes observations en Auvergne, a fondé son enseignement géologique et paléontologique ; mais sous ce dernier rapport, la science réclame encore de nouvelles et profondes recherches.

Vous voyez, Messieurs, par ce court et très-imparfait aperçu, ce que pourraient nous apprendre en géologie et en paléontologie les observations et les découvertes faites récemment en Sicile, en Auvergne, même à la porte de notre presbytère, en diverses contrées de la France, de l'Europe, et dans d'autres parties du globe. Mais un des résultats les plus importants et les plus inattendus de ces découvertes, outre le vif intérêt qui s'y rattache sous le rapport scientifique, c'est qu'elles confirment ce qu'ont enseigné les plus grands génies, et ce que Moïse nous avait appris depuis trente-quatre siècles sur l'origine des choses; en sorte que le plus savant naturaliste du monde qui voudrait décrire consciencieusement le grand ouvrage de la création et de la formation des êtres, serait obligé de se conformer aux idées exprimées dans le premier chapitre de la Genèse. C'est ainsi que Dieu se montre le maître des sciences, suivant nos livres sacrés : *Deus scientiarum dominus est.* C'est ainsi, enfin, que la véritable science et la véritable religion se rapprochent de plus en plus, et se donnent le baiser de la paix : *obviaverunt sibi, et osculatæ sunt.*

Clermont, typ. de HUBLER, BAYLE et DUBOS, successeurs de M. PEROL.

www.ingramcontent.com/pod-product-compliance
Lightning Source LLC
Chambersburg PA
CBHW030930220326
41521CB00039B/1858